化妆技巧与形象塑造
Makeup Skills and Image Building

主　编　李　慧　曲彩悦
副主编　巴菲菲　罗　曼　于晓娜
参　编　张　淇　王春翔　张　正

北京理工大学出版社
BEIJING INSTITUTE OF TECHNOLOGY PRESS

内 容 提 要

本书紧紧围绕形象塑造能力和民航业规范要求，有针对性地设计符合服务行业典型岗位工作实际的教学内容，组织构建了五大教学单元：职业形象概述、职业发型塑造、职业着装塑造、职业妆容塑造及职业仪态塑造。通过对这些内容的学习，学生能够掌握服务人员形象设计多方面的基本能力，逐步提升对服务人员形象的审美及鉴赏能力，全面提高形象素质和综合职业能力。

本书可作为高等院校空中乘务、民航安全技术管理、民航空中安全保卫、民航运输服务、高铁乘务等服务类专业形象设计课程教材，也可作为相关专业的形象礼仪教学参考书，还可供广大形象爱好者自学阅读。

版权专有　侵权必究

图书在版编目（CIP）数据

化妆技巧与形象塑造 / 李慧，曲彩悦主编.--北京：北京理工大学出版社，2023.5
ISBN 978-7-5763-2381-8

Ⅰ.①化… Ⅱ.①李… ②曲… Ⅲ.①化妆-基本知识 ②个人-形象-设计 Ⅳ.①TS974.12 ②B834.3

中国国家版本馆CIP数据核字（2023）第087097号

出版发行 / 北京理工大学出版社有限责任公司
社　　址 / 北京市海淀区中关村南大街5号
邮　　编 / 100081
电　　话 / （010）68914775（总编室）
　　　　　（010）82562903（教材售后服务热线）
　　　　　（010）68944723（其他图书服务热线）
网　　址 / http://www.bitpress.com.cn
经　　销 / 全国各地新华书店
印　　刷 / 河北鑫彩博图印刷有限公司
开　　本 / 787毫米×1092毫米　1/16
印　　张 / 13　　　　　　　　　　　　　　　　　　　　责任编辑 / 李　薇
字　　数 / 275千字　　　　　　　　　　　　　　　　　　文案编辑 / 李　薇
版　　次 / 2023年5月第1版　2023年5月第1次印刷　　　　责任校对 / 周瑞红
定　　价 / 88.00元　　　　　　　　　　　　　　　　　　责任印制 / 王美丽

图书出现印装质量问题，请拨打售后服务热线，本社负责调换

前言

随着时代的发展和社会的进步，感受美、欣赏美、创造美已成为人们共同的理想和愿望。党的二十大报告指出："全面建设社会主义现代化国家，必须坚持中国特色社会主义文化发展道路，增强文化自信，围绕举旗帜、聚民心、育新人、兴文化、展形象建设社会主义文化强国。"民航服务人员是航空公司对外服务的窗口，是航空公司的形象代言人，甚至代表国家和民族的形象。因此，民航服务人员需要通过化妆技巧与形象塑造的提升达到行业的高标准要求。

在奋力拓展新时代民航强国建设的发展道路上，航空公司对高素质人才的需求不断增加，为进一步完善专业知识、提升人才培养质量，本书编写团队以形象设计的美学原理为基础，以全面打造人物形象的思路为出发点，依据我国优秀传统文化特色，挖掘形象美的民族内涵，并根据民航业的岗位需求，深入分析民航服务人员职业形象的特点和要求，将形象设计的新观念、新知识与传授化妆手法和装扮技巧相融合，对学生进行教学和实践的指导，以提升教学效果。

本书紧紧围绕形象塑造能力和民航业规范要求，有针对性地设计符合服务行业典型岗位工作实际的教学内容，组织构建了五大教学单元：职业形象概述、职业发型塑造、职业着装塑造、职业妆容塑造及职业仪态塑造。通过对这些内容的学习，学生能够掌握服务人员形象设计多方面的基本能力，逐步提升对服务人员形象的审美及鉴赏能力，全面提高形象素质和综合职业能力。

本书遵循从基本技能到核心技能再到综合技能的能力

培养过程编写，课程的项目与项目之间由浅入深、循序渐进；从简单到复杂依次完成各项目；项目的选取考虑课程内容的全面性、专业岗位工作对象的典型性和教学过程的可操作性。主要呈现以下特色：

一是构建完整的学习体系。本书配套PPT、图片、视频、任务单等，方便、快捷、直观，能充分调动学生的积极性，使抽象、枯燥、静止的文化知识变得具体化、趣味化、生活化。

二是设计丰富、生动的教学任务。本书采用"新知导入＋任务实施＋知识拓展"的形式编写，让学生在具体的任务中学习化妆技巧与形象塑造，通过任务的实施激发学生自主探索与合作的学习欲望，促进学生创新意识和实践能力的发展。

三是融入素质教育内容，在任务实施过程中引入课程思政元素，培养学生学会审美、树立健康的审美观，注重学生人生观、价值观和职业观的培养。

四是企业人员与在职教师联手编写。将企业真实工作流程进行分析、整理、归纳后设计任务实施环节，体现了鲜明的职业特色。

本书由李慧、曲彩悦任主编，巴菲菲、罗曼、于晓娜任副主编，张淇、王春翔、张正参与编写。本书编写过程中参考了很多相关资料，在此向所有作者表示感谢。

由于编写时间仓促，编者水平有限，书中难免存在不足和疏漏之处，敬请各位读者予以批评指正。

编　者

目 录

项目一 职业形象概述 001

任务一 职业形象设计认知 ················· 2
一、职业形象设计内涵 ················· 2
二、职业形象设计意义 ················· 2
三、职业形象设计原则 ················· 3
四、职业形象设计要素 ················· 4

任务二 民航职业形象认知 ················· 7
一、民航职业形象特点 ················· 7
二、民航服务职业素养 ················· 7

项目二 职业发型塑造 012

任务一 头发的清洗与养护 ················· 13
一、头发的生理特征 ··················· 13
二、头发的清洁 ······················· 14
三、头发的养护 ······················· 15

任务二 民航职业发型设计 ················· 19
一、发型设计 ························· 19
二、民航职业发型要求 ················· 20
三、民航盘发流程与技巧 ··············· 21

项目三 职业着装塑造 026

任务一 服饰搭配技巧 ····················· 27
一、色彩的布局与搭配 ················· 27
二、款式造型的选择与搭配 ············· 33

任务二 商务着装 ························· 41
一、商务着装原则 ····················· 42
二、男士商务着装 ····················· 43
三、女士商务着装 ····················· 54
四、配饰的选择 ······················· 57

任务三 民航职业着装 ····················· 66
一、中国民航职业制服演变史 ··········· 66
二、民航职业制服着装规范 ············· 70

项目四 职业妆容塑造 078

任务一 面部结构认知……79
 一、面部结构分析……79
 二、面部骨骼……80
 三、面部肌肉……81
 四、脸部脂肪……82
 五、典型脸型……82

任务二 皮肤的清洁与保养……89
 一、皮肤的结构和生理作用……89
 二、洁肤与护肤……92

任务三 细腻底妆的打造……101
 一、底妆的选择……101
 二、细腻底妆的打造……106

任务四 精致眉妆的打造……111
 一、眉妆的选择……111
 二、眉妆的日常打造……113
 三、眉毛的矫正修饰……116

任务五 完美眼妆的打造……123
 一、眼妆的选择……123
 二、眼妆的日常打造……124
 三、眼妆的矫正修饰……126

任务六 立体唇妆的打造……131
 一、唇妆的选择……131
 二、唇妆的日常打造……133
 三、唇型的矫正修饰……136

任务七 自然面颊的打造……142
 一、面颊妆容的选择……142
 二、脸型与面颊的日常打造……145
 三、不同脸型的面颊修饰……146

任务八 民航职业妆容设计……150
 一、民航职业妆容的特点……150
 二、民航职业妆容的设计……154

项目五
职业仪态塑造
162

任务一　挺拔站姿的训练……………………………163
　一、站姿的种类………………………………163
　二、站姿禁忌…………………………………166
　三、站姿的训练方法…………………………166

任务二　文雅坐姿的训练……………………………172
　一、坐姿的基本要领…………………………172
　二、坐姿的种类………………………………172

任务三　稳健走姿的训练……………………………178
　一、走姿的基本要领…………………………178
　二、男士走姿要领……………………………178
　三、女士走姿要领……………………………179
　四、走姿训练方式……………………………179

任务四　得体蹲姿的训练……………………………183
　一、蹲姿的种类………………………………184
　二、蹲姿的注意事项…………………………185

任务五　优雅手势的训练……………………………188
　一、人际交往的手势…………………………188
　二、服务礼仪的手势…………………………190
　三、使用手势的注意事项……………………192

任务六　魅力微笑的训练……………………………196

参考文献……………………………………………200

项目一

职业形象概述

项目描述：职业形象是职业者从事工作时所具备的素养、特征、气质，通过职业形象塑造可以表现出专业的仪态和仪表，在展示人格魅力的同时表现出职业特点。

项目目标：
知识目标：了解形象设计的内涵和特点；理解形象设计的基本原则；掌握职业形象设计的塑造流程。

能力目标：能够制订民航化妆技巧与形象塑造课程的学习规划。

素养目标：树立提升职业形象的主动意识，增强自身职业素养。

任务一　职业形象设计认知

新知导入

一、职业形象设计内涵

形象是指能引起人的思想活动或感情活动的具体形态或姿态。设计始于自然，源于人类的需求，其本质在于创新。形象设计是指对想要展示的物体或人物进行分析定位后，运用科学的方法从视觉上展示出美感，并获得观者的认同与喜爱。

知识拓展：职业形象设计认知　　视频：职业形象设计认知

职业形象是指在职场中面对公众树立的形象，具体包括外在形象、品德修养、专业能力和知识结构四大方面。人们通过职业着装、职业言谈举止和职业礼仪沟通反映专业能力和职业精神等。因此，职业形象是职业人员从事本职工作时所必须具备的素养、特征、气质，这种职业形象可以表现出专业的仪态和仪表，在展示人格魅力的同时表现出职业相关特点。

职业形象要尊重职业价值观的要求，不同职业对个人的职业形象有不同的要求。不同的行业、不同的企业，由于集体倾向性的存在，只有在从业人员或员工的职业形象符合主流趋势时，才能促进自身职业价值的增值。

职业形象设计就是将职业形象的构成元素、管理理论、养成方法和设计理论进行整合，通过系统性设计和习惯养成，被设计者能够从职业气质、职业素养等方面满足职业的需求，进而达到展示职业者特质、促进职业发展的目的。现代职业形象设计还包括职业思想的渗透、职业价值观的建立、职业文化的培养等，是从思想、价值观、文化等全方位对从业者进行有针对性、有目的性、系统性的设计。

二、职业形象设计意义

职业形象设计是社会物质文明和精神文明高度发展的需要及必然结果，同时也是由形象设计在职业定位与职业发展中的重要作用决定的。

职业形象是个人职业气质的符号，与个人的职业发展有着密切的关系。职业形象设计的个体意义主要体现在，它是以审美为核心，综合个人的职业、性格、气质、年龄、体型、脸型、肤色、发质等因素，通过化妆造型、服饰搭配、形体姿态，以及礼仪规范的合理展示，呈现一个人在职业群体中特定的地位、身份等，也就是其在职业环境中所充当的角色。形象可以被理解为一个人参与社会生活的"名片"。

职业形象体现个人专业度和信赖感，代表职业竞争力。在职场中，人们往往会通过一个人的形象来判断其年龄、身份、性格、专业度等，并相应地决定对他人的交往和沟通。正如我们常说的"55387"定律：对一个人的认知，55%是依据其外表形象，38%是通过其肢体动作、声音等，只有7%是通过其语言内容来了解的。良好的职业形象设计可以帮助人们塑造外在形象，提升内在修养，由内及外，内外兼修。

职业形象设计是人类文明的重要标志之一。对个人来说，体现着一个人的文化素质和生活态度；对企业来说，它标志着一个企业的兴衰成败；对于一个城市来说，它还会影响其经济文化的发展。因此，职业形象设计不仅个体意义重大，其社会意义也不容忽视。

三、职业形象设计原则

（一）职业形象塑造要符合角色定位

职业形象是职业人从事本职工作时所必须具备的素养、特征、气质，这种职业形象可以显现专业的身份和仪表，在展示人格魅力的同时表现出职业的特点。不同地区、不同行业的人对职业人的形象会有不同的看法与评价。因此，一个职业者区别于其他人的特色，便成为其树立职业形象的关键。职业形象的树立需要以职业角色及自身品质、价值方式作为其保障和基础。

（二）职业形象塑造要体现审美本质

美是人类的终极追求。人需要审美，对审美的培养是人对追求美的需求，最终走向身心和谐的培养。形象美好是外在和内在的统一，要内外兼修、知行合一，内在美的输出需要外在表达方式，外在美又需要受到熏陶洗礼和灵魂的升华，最终走向真、善、美。

因此，职场中，通过提升审美能力，达到从形式到内容、从个人需要到精神追求的实现，从而树立良好的礼仪形象，提高综合能力和素质，为职业人的职业发展及获得社会成功奠定良好的基础。

（三）职业形象塑造要呈现综合素养

职业形象是一个人综合职业素养的显现。即使岗位不同，但是专业、自信的职业形象都必须具备。应通过培养正确的审美观和价值观，通过视觉层面、社交层面和精神层面三个维度，全方位塑造职业形象。积极、美好、正确地表达出个性风格，加之礼仪修养，包括人的举手投足、行为举止和精神状态等，能更好地展示个人气质，通过不断的自我完善，综合呈现一个人的职业素养。

四、职业形象设计要素

随着社会的发展和进步，普通职场的工作人员对自己的形象也越来越重视，但是在提高自我形象设计的道路上，往往投入较大却收效甚微，甚至适得其反，最重要的原因是忽略了职业形象设计要素。如果掌握了职业形象的基本要素及设计原理，也就等于找到了开启形象设计大门的钥匙。

职业形象设计要素包括发型设计、服饰搭配、妆容设计、身体塑形、个性与心理塑造和文化艺术修养的提升等重要方面。

（一）发型设计

发型设计可以改善一个人的精神面貌。随着科学的发展，美发工具及美发产品的更新为塑造千姿百态的发型提供了多种可能。人们可以根据性别、年龄、职业、头型和个性，选择适合自己的发型，体现人物性格和审美品位，提升整体形象。

（二）服饰搭配

服装款式和造型在人物形象中占据着很大的视觉空间，因此，服饰搭配是形象设计中的重头戏。服装能体现年龄、职业、性格、时代和民族等特征，选择服装时，既要考虑款式、比例、颜色和材质，还要充分考虑视觉、触觉给人所产生的心理、生理上的反应。在当今社会，人们对服装的要求已不仅是干净整洁，而是更多地增加了审美的因素。

饰品、配件的搭配和选择也很重要。饰品、配件的种类很多，颈饰、头饰、手饰、胸饰、帽子、鞋子和包袋等都是人们在穿着服装时最常用的配饰。饰品的选择和佩戴是否美观恰当，能充分体现人的穿着品位和艺术修养。

（三）妆容设计

妆容设计是最主要的要素之一。化妆是传统、简便的美容手段，指的是根据个人形象的特点，运用化妆工具和用品，重点对人物的脸部进行美化。有道是"浓妆淡抹总相宜"，淡妆显得高雅、自然，彩妆则显得艳丽、浓重，根据不同的身份和场合，施以不同的妆容，并与服饰、发式形成和谐统一的整体，更好地展示自我、表现自我。

（四）身体塑形

身体塑形也是形象设计中最重要的要素之一。良好的形体会给职业形象塑造提供良好的前提，但形体不是唯一因素，需要与其他要素达到和谐统一的情况下才能得到完美的形象。长期的健身习惯，加上合理的饮食搭配、有规律的生活方式，以及宽容豁达的性情和良好的心态，都有利于长久地保持良好的形体。

（五）个性与心理塑造

高尚的品质、健康的心理和充分的自信是职业形象设计的另一要素。回眸一瞥、开口一笑、站与坐、行与跑都会流露出人的性格特点和气质。只有当"形"与"神"达到和谐时，才能创造一个自然得体的新形象。

（六）文化艺术修养的提升

文化艺术修养是人综合素养的重要组成部分，也是个人能力的重要体现。文化艺术修养对一个人的情操、品格、气质及审美眼光有着重大影响。

任务实施

专业		班级	
姓名		小组成员	
任务描述			
我的职业生涯规划			
按照好、中、差同组的原则，将班级同学按照每组8人进行分组，组成团队。通过学习化妆与形象塑造这门课程，请每个同学制订自己的职业生涯规划，并在课堂上进行展示汇报。可以采用写文稿上台演讲，也可采用制作PPT，对照PPT进行讲解。 演讲和PPT讲解为课堂任务实施环节，要求每人都要进行展示，个人得分纳入个人项目成绩，并将小组的每人得分进行累加记作小组成绩			
实训目标			
知识目标	能力目标		素养目标
了解形象塑造的基本常识	能较好地与他人分工协作，统筹协调		有一定的语言组织能力及演讲能力
实施过程			
个人职业生涯规划 1. 文稿 2. PPT			

续表

考核评分

考核任务	考核内容	考核标准	配分	得分
个人职业生涯展示（100分）	文稿	字数范围 600~800 字	15	
		文稿通顺，前后逻辑性强	10	
		采用普通话，表达流利，声音洪亮	10	
		节奏适中，无明显的停顿	5	
		举止自然，能够脱稿汇报	10	
	PPT	PPT制作精美，色彩搭配合理	15	
		PPT前后逻辑通顺	10	
		采用普通话，声音洪亮	10	
		语言流畅，无明显的停顿	5	
		举止自然，能够脱稿汇报，不采用备注读稿	10	

个人成绩：

评价

自我评价	小组评价	教师评价

知识拓展

职业形象与职业发展

职业形象和个人职业发展有着密切的关系。

首先，一个人的内在品质可以通过形象得以表达，并且容易形成令人难忘的第一印象。第一印象在个人求职、社交活动中起到关键作用。一个求职者要想得到一个理想的职位，除要具备丰富的学识及良好的品德等内在要素外，还必须在言谈、举止、服饰、妆容、礼仪上加以注意，才能充分展示自己的最佳形象。

其次，职业形象影响个人业绩。如果职业形象不能体现专业度，不能给客户带来信任感，那么所有的销售技巧都是徒劳，客户认可的更多的是个人本身，特别是一些非物质性销售工作的职业人。

再次，职业形象影响个人晋升。如果在同级层面上因为职业形象问题导致离群、被孤立、被排斥，那么就严重影响个人晋升；如果因为职业形象问题导致上司误会、尴尬甚至厌恶，也难以晋升。

现实生活中我们会遇到这样的情况，同样是参加一个招聘会，有的人因为得体的穿着和良好的表现，在求职的过程中获得了很好的职位，有的人则因为没有注意到这一点而与机会失之交臂。所以要成功，就要从形象设计开始。

任务二 民航职业形象认知

新知导入

民航运输行业的服务人员，由于民航职业的特殊性，常常被人们看成是美的化身。民航服务是高质量、高标准的标杆式服务，而民航服务人员则是这种优质服务行业的形象代言人，民航职业形象设计是一个综合性的、全方位的设计，绝不能把它单纯地看成是特定时刻的穿着打扮，也绝不能将目光停留在表面的设计上。

视频：民航职业形象认知

一、民航职业形象特点

健康靓丽、干净整洁、举止得体、仪态大方、态度亲切、待人真诚、手脚麻利、聪慧灵敏和沉着干练等，是民航职业形象的最高标准，也是当今旅客对民航服务人员共有的心理期待，而这些形象特征首先是通过精心设计的外观美，才能得以一步一步实现。妆容、衣着和发型是民航服务人员的外包装，在民航职业形象设计中处于很重要的地位，不可掉以轻心。良好的外形条件是民航职业形象的基础条件，除此以外，还需具备高尚的道德情操及丰富的学识和内涵，才能拥有由内而外散发的优良气质。因而，民航职业形象既包括外观形象上的美，也包括内在气质的外部体现，是一种综合的美。

气质是人类文明的产物，是人类所独有的，只有人类才懂得评价气质、欣赏气质、追求气质、塑造气质。气质与形象的美在人的外部表现上是相辅相成的，形象的好坏直接影响到气质的表现，但气质是高于形象的，它除了体现外表的美感，还表现在举手投足、谈吐修养等诸多细节之中。对于民航服务人员的良好气质，则是定位为优雅、大方、谦和与可亲，具体体现在甜美的微笑、亲切的话语、谦逊的态度和周到的服务等方面。因为形象是直观的，而气质的特点要通过人和人之间的相互交往、接触才能显现出来，服务过程恰恰就是与人交往的过程，所以对民航服务人员的气质要求更高。

二、民航服务职业素养

《现代汉语词典》中对"素养"一词的解释是平时的修养，我们可以更宽泛地理解为素质和修养的融合。素质包括一个人的知识、能力、德行，以及对事业的执着追求等各种要素和品质，它为人的持续发展提供重要的潜能；修养指的是人在理论知识和思想内涵等方面的水平，待人处事的正确态度，以及平时养成的行为习惯，它能帮助人们获得更多的成功。

职业素养是将素质与修养进行有效的结合并使之与职业相匹配，民航服务人员的职业素养包括民航业需要的综合体现，主要体现在以下几个方面。

（一）爱岗敬业

民航服务需要高品质的人才，这种高品质的人才首先应具备高尚的职业道德，体现出对工作岗位的热爱和对旅客的关爱，并能克服职业倦怠感，长久保持热情。民航服务人员从事的是较为单调的劳动，要求既有爱心又有耐心，周到细致地为旅客服务，没有爱岗敬业、乐于奉献的精神是做不到的。爱岗敬业也能带动从业人员自然真情的微笑服务，微笑服务绝不只是单纯地微笑对旅客，而是要竭诚为旅客着想，温暖为旅客服务。在服务过程中，要待旅客如亲人一般，通过微笑与其产生心与心的交流，旅客有宾至如归之感，让旅客体会温馨的优质服务，才能使旅客在心目中对民航服务人员产生最美好的印象。

（二）包容之心

在日常生活中，我们要与各种各样的人打交道，需要有宽容的态度和包容之心，才能有更多的朋友。宽容是一种非凡的气质和宽广的胸怀，体现的是对人的包容和对事物的接纳，宽容别人就是善待自己。宽容是一种高尚得品质，拥有它意味着为人要大度，不计较得失，对人要真诚地付出和给予，便能得到更多的尊重和帮助；宽容也是一种智慧和境界，拥有它意味着为人要谦和，心境平和超脱，能使人更加从容自信，得到更多的快乐。

在民航服务过程中，会遇到各种脾气性格的旅客，面对旅客的埋怨和争执，民航服务人员要保持耐心、谦和的形象，怀有包容之心，对旅客进行耐心的解释和安抚，以维护航空公司的形象和利益。

（三）举止文雅

从一个人行为和习惯表现得优劣，能看出这个人形象与气质的层次。民航服务人员要通过长期的学习和积累，规范言行举止，提升形象气质。从整体上来说，民航服务人员在旅客面前，要做到站姿挺拔，走姿优美，坐姿端庄，主动适时地给与顾客礼貌的问候和亲切的关怀，提供周到的服务，在这些过程中都要注意养成良好的行为习惯，从而获得更好的形象气质，给旅客留下更好的印象。

在与旅客进行语言交流时，态度要亲切温和，做到有礼有节、亲善友好；语言的表达能力要强，注意说话时的语气、语速、语调的变化和情感的运用，音量要适中，说话时眼神要礼貌地看着服务对象，还要恰到好处地运用面部表情、手势和身体的姿态等无声的态势语言，给人以宾至如归的感觉，使旅客产生良好的心理感受；迎客和送客时的语言要发自内心，用微笑辅助亲切的话语，给旅客以亲切感，为旅客营造轻松愉快的心境和氛围。

（四）妆发、服饰得体

民航服务人员的妆容切忌浓妆艳抹，要干净清爽、富有朝气，还应保持发型干净齐整，达到赏心悦目的效果，带给旅客良好的第一印象；民航服务人员的服装主要是以整洁大方的制服为主，应尽量保持制服、鞋袜、领结和丝巾穿着上的一致，并维持整洁、无褶，佩戴的首饰也应与服装、发型等相适合，避免过于复杂和花哨，体现出干练、简洁的行业特点。

（五）良好个性

人的个性是由人的性格所决定的，人的性格是个人对现实的稳定的态度及与此相适应的习惯化的行为方式。对于周围现实的影响，每个人都会有一定的反应，有什么样的反应，表现一个人对现实的态度；怎样去反应，表明一个人的行为方式；这种态度和行为方式如果已经在生活经验中巩固起来，成为稳固的态度和习惯化的行为方式，那就构成了一个人独特的性格特征，也就是个性。

服务人员需要具备较好的个性，具备良好的个性才能受到欢迎，从而与服务对象之间建立和形成良好的合作关系。民航服务人员从事劳动的过程中，需要与人建立很好的合作关系，包括上下级、同事间的合作，更重要的是在航空运输过程中，与旅客建立良好的合作和互动，这就需要热情主动、落落大方的脾气和性格，具备较好的沟通能力和表达能力，才能形成良好的人际关系。

（六）耐受力和意志力

民航服务工作不仅很繁琐，工作流程也相对复杂，在高强度的服务工作之下，还要经常接受各种考核，压力很大，这些因素对民航服务人员耐受力的考验要求很高，这种耐受力表现出来的形象是不骄不躁，能够始终保持较为高涨的工作热情。民航服务人员还要具备顽强的意志力，才能有勇气从容应对可能发生的事情，甚至要有为事业献身的思想准备。

任务实施

专业		班级	
姓名		小组成员	
任务描述			
我是职业白领			
按照好、中、差同组的原则,将班级同学按照每组8人进行分组,组成团队。通过对职业形象的认知学习,进行"我是职业白领"的汇报展示。可根据空乘服务人员、安全员、地勤服务人员等不同岗位特点进行展示汇报。 　　通过展示汇报,能够让同学们对民航服务人员的职业形象有更深刻的认知和理解			
实训目标			
知识目标	能力目标		素养目标
了解职业素养应包含的基本要素	具备良好的团队合作、分工协作的能力		有一定的语言组织能力及演讲能力
实施过程			
我是职业白领 1.PPT 制作 2.现场演讲			

考核评分

考核任务	考核内容	考核标准	配分	得分
我是职业白领 (100分)	PPT 制作	PPT制作精美,色彩搭配合理,整体效果好	10	
		重点突出,内容表述简洁明确	20	
		PPT前后逻辑通顺,重点突出	10	
		图表表达紧扣主题	10	
		制作精细,表达清楚,有突破性的设计元素	10	
	现场演讲	能够使用普通话汇报讲解	10	
		语言流畅,表述清楚	10	
		举止自然,形象得当	10	
		讲述方式多样化	10	

个人成绩:

评价		
自我评价	小组评价	教师评价

知识拓展

形象塑造的形体美和整体美

1. 形体美

形体美是指人的体型、躯干、四肢和皮肤等身体基本条件，在形状、结构、比例关系和质地等方面，与人的整体形象形成协调、和谐、优美的外观特征。形体美由先天条件所决定，除遗传因素外，又因后天的劳动锻炼及一定社会环境中形成的审美习惯有关。

不同的历史时代、不同的国家和地区，对形体美的审美标准存在一定的差异，如我国唐代以胖为美，西方人的体型和中国人的体型存在较大的差异，因而对形体美的标准也会有所不同。古今中外关于形体美的衡量标准有很多，在实际生活中，因年代、性别和民族等差异，也不可能有一个固定不变的衡量标准。但就总体而言，还是有很多共性的审美评价标准，无论中西方还是在哪个历史时期，形体美最基本的要求首先是要健康，即体格健全，肌肉发达，发育正常；其次是身体各部位要符合美学中的形式美的原则，即各部分的比例要匀称，和谐统一。

2. 整体美

人体头部的外观形成人的容貌，人体躯干和四肢所组成的外观形态构成了人的身材，包裹人体的皮肤质地和颜色形成了人的肤色，人的神情特征和肢体语言特征构成了人的气质，人的言谈、行为举止显示了人的风度，将这些方面有机地结合起来，便形成了人的整体美。

整体美是各个局部有序的、完美的集合，整体美包括外在美和内在美两个方面，二者相辅相成，融汇成人物形象的整体美，也是人的生命活力美的最高境界。

外在美主要通过仪容仪表来体现，可以运用相关手法和手段来修饰与提升，包括妆容设计、发型设计和服饰搭配等，使人获得较为理想的外观形象。内在美主要通过仪态、体态、风度和气质来体现，人的言行举止、举手投足和坐立行走，无不体现出一个人的内在素质和修养。仪态、体态的美不仅要按照美的规律进行锻炼和塑造，更要注意自身道德品质、文化素质、艺术修养和性格气质的提高，因为人的外在仪态、体态和举止的美，在很大程度上是内在心灵美的自然流露，因此，不能只追求表面形式上的美观，忽略对内在美的追求。

优雅的风度和气质、良好的言行举止不是天生就有的，每个人应积极主动地进行学习，配合相关的礼仪培训和形体训练，掌握正确的举止姿态，矫正不良习惯，以达到自然美与修饰美的最佳结合，在任何场合中都能找到自信，以从容、优雅得体的形象来表现自我。

项目二
职业发型塑造

项目描述

人们都希望拥有乌黑、光亮、柔软的秀发，再配上端庄、美观的发型，可以增加仪表美。空中乘务、高铁乘务、游轮乘务人员也须熟练地掌握头发的清洗与养护方法、发型的设计和打理。使用科学的方法达到美容保健的目的，让自己的职业形象更加符合标准。

项目目标

知识目标：了解头发的生理结构；掌握头发的清洁和养护方法；掌握空乘人员对发型的基本要求和原则。

能力目标：能够按照职业化标准完成发型的设计与打理。

素养目标：树立爱岗奉献的职业操守，提升标准意识。

项目二 职业发型塑造

任务一 头发的清洗与养护

📖 新知导入

视频：头发的
清洗与养护

一、头发的生理特征

头发作为人类特有的一种生理现象，是人类外表美的重要组成部分。从某种程度上也反映了一个人的文化素养、审美情趣，在古代甚至成为人身份象征的组成部分。

（一）头发的生理现象

头发是人体皮肤的附属物，数量为 9～14 万根，露在头皮外面的为毛干，埋在头皮里面的为毛根，毛根末端圆球形部分为毛球，其中，毛基质与连接毛细血管和神经纤维的毛乳头接触，是向头发输送营养并促进其生长的重要部分。另外，毛根外被毛囊包围，而头发则是从毛囊上斜着向外生长的。

（二）头发的结构

头发是一种复杂的纤维组织。每一根头发由三层组成，最外面的一层是表皮，由相互交叠的鳞片组成，其目的是保护内部；中间层是皮质，由细长的细胞构成，它决定着头发的弹性、耐力和发色；最里面的一层是髓质，细胞如蜂巢，负责给头发输送营养。毛囊内包含皮脂，皮脂能够润滑头发，使头发有光泽而且柔软。皮脂腺作用不足或是阻塞，头发就会变干；而皮脂腺过度活泼，就会造成油性发质。头发的结构如图 2-1-1～图 2-1-3 所示。

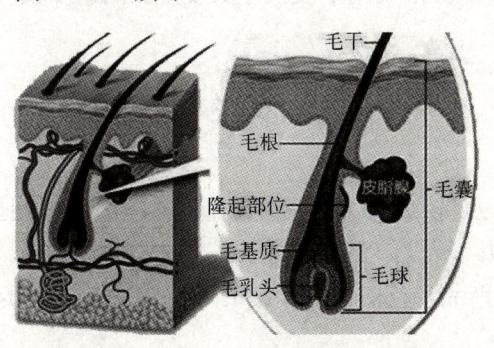

图 2-1-1 头发的结构（一）

13

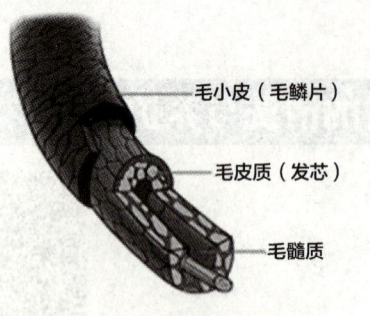

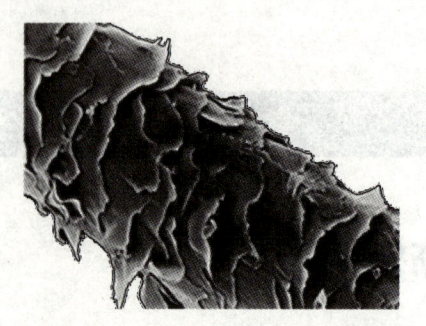

图 2-1-2　头发的结构（二）　　图 2-1-3　毛鳞片显微镜下的结构

（三）头发的生理周期

头发随毛球部分的毛乳头细胞的分裂增殖而生长，一般将这个分裂增殖期称为活动期。再由分裂增殖逐渐地变得不活跃，走向衰老，一般将这一时期叫作退化期（不久进入休止期，完成历史使命的毛发会自行脱落，在毛发衰老时期，不要急于用手拔，过三四个月，衰老的毛发就会自己脱掉），旧发脱掉后毛乳头又开始活动，新发便逐渐长出，人们将头发从新生到衰老的时间，称为头发的周期，一般为 3～5 年。头发生理周期如图 2-1-4 所示。

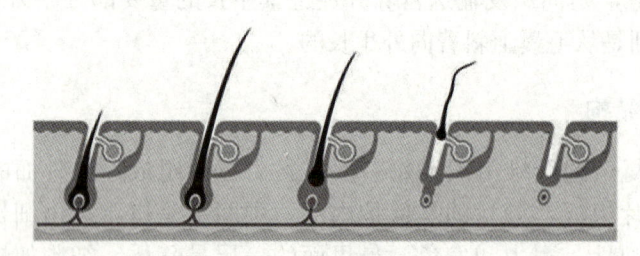

图 2-1-4　头发生理周期

头发在健康的状态下，一个月能长 1 cm 左右，但是头发的生长速度也不是绝对不变的，它会受季节和年龄的影响，如春、夏两季头发生长的速度就快，而秋、冬季节就相对较慢。

二、头发的清洁

头发是很脆弱的，从洗澡水的温度到生活环境，都有可能损害头发。受损后的头发毛躁易断、难以定型。所以，要想拥有一头健康亮丽的秀发，必须采用正确的洗头方式，选用适合的护发产品，同时关注周围的环境质量。具体步骤如下。

1. 洗发前先梳发

梳理不仅可以促进头部皮肤的血液循环，减少头发的缠绕磨损，还可以将头皮上的脏东西和鳞屑弄松，并给予头发适度的刺激以促进血液循环，使头发柔软有光泽，便于下一步的清洗。所以，洗头前一定先将头发梳通。

2. 彻底湿发

将梳顺的头发捋向头部一侧，歪着头用 40 ℃左右的温水从上至下将头发完全冲湿，保证底层的头发和上层的头发一样湿透，这样配合洗发水才能产生足够多的泡沫。

3. 正确涂抹洗发水

涂抹洗发水时，需取适量洗发水于掌心并加水稀释，待双手揉出泡沫后，再均匀涂于发丝上，以便更好地溶解污垢。若不经稀释，高浓度洗发水容易在头皮局部残留刺激头皮。另外，泡沫的作用是阻隔发丝摩擦，若先揉头发后出泡沫，就谈不上保护。

4. 正确的洗发手法

将十指张开，用指腹将洗发水泡沫均匀揉进头发，再轻轻地按摩头皮，确保将毛囊孔彻底清理干净。按摩完头皮后需从发干至发梢捋着发丝进行清洗，还可用手轻轻地攥洗，这样毛鳞片就没有机会翘起来捣乱了（切忌将头发像过去一样堆在头顶上揉洗，这样不仅易造成毛鳞片起翘凌乱，还易造成头发纠结缠绕形成"鸟巢发"）。需要强调的是，若使用一般护理洗发水，只需在发丝上形成一层厚厚的泡沫，就可用水进行冲洗了；若使用特殊性质洗发水，如具有去屑或防脱效果的功能性洗发水，应适度延长洗发时间，以便洗发水在头皮和头发上发挥作用。

5. 恰当使用护发或润发产品

头发完全冲洗干净后，需先用手指挤出多余水分，然后用干毛巾顺着发丝生长的方向、从上而下进行擦拭，待不滴水，再轻轻地按摩头皮之后就可涂抹护发产品。涂抹护发产品时，应有一种滑滑的手感，若在涂抹过程中这种手感突然消失，则说明用量不够，需追加护发产品。

需要注意的是，为了使护发或润发产品的吸收效果最大化，越浓的护发产品，对头发干度的要求就越高，如精华露、发膜等。

6. 适度冲洗

由于水温会影响后续的造型效果，最后冲洗的水温一定要稍微调低，以便让毛鳞片闭合得更好，头发摸起来更加柔顺。另外，由于湿发较脆弱，摩擦易引起损伤，建议分两次彻底清洗，以尽量不留黏滑物为冲洗适度。

7. 干发

擦拭头发时需选用大而干的毛巾将头发上的水分全部吸尽，再用大齿梳梳理。梳理时动作要轻柔，因为刚清洗和按摩过的发根，血液循环加快，毛孔张开，头发易拉断，最好自然风干。若使用吹风机，建议选择中挡风吹至八成干即可。

三、头发的养护

（一）头发弹性强度的检验

第一步：在侧面的耳朵上方拔一根头发。

第二步：用一只手的拇指和食指捏住头发的一部分，用另一只手的拇指指甲和食指捏紧另一端，然后手指快速滑到头发的尽头，最后形成一系列的小卷发。

第三步：轻轻将它拉直 10 s 再放开。

第四步：根据结果判断，若头发几乎完全呈卷发模式，那么它的状态就很好；若只恢复到直发的 50% 或以下，那么它就存在结构上的缺陷，需要护理。

（二）不同发质特征、产生机理与护理要点

1. 油性发质

特征：发丝油腻，洗发翌日，发根已出现油垢，头皮如厚鳞片积聚在发根，易头痒。

产生机理：油脂分泌过量。饮食营养方面，摄入太多如甜、淀粉或脂肪量过高的食物。

护理要点：轻微梳头，按摩头皮。建议使用专用平衡油脂的洗发产品；只可用温水，每天洗发后，建议选用可收紧头皮、控制油脂分泌的洗发露。

2. 干性发质

特征：油脂少，头发干枯、无光泽；缠绕、易打结；松散，头皮干燥、容易有头皮屑。

产生机理：缺乏油脂分泌。外界影响，如过量使用美发器具、不当的电发、染色导致头皮血液循环不良，油脂不足。

护理要点：选用滋润的洗发水和护发素，使用时可轻轻按摩头皮和发梢，建议选用性质温和的电发和染发产品，或减少次数定时使用修护产品，修补受损结构，加强保护，使头皮和头发恢复健康。建议选用乌黑柔亮型、负离子、游离子焗油型洗护产品。

3. 中性健康发质

特征：不油腻，不干燥；柔软顺滑，有光泽，油脂分泌正常，只有少量头皮屑。如果没有经过烫发或染发，保持原来的发型，总能风姿长存。

产生机理：有良好的血液循环，正常滋润而形成一层本酸性保护网，油脂分泌也正常。

护理要点：建议选用温和的而含水分量大的产品来保护现有的发质。建议每周洗发 3～5 次。

4. 受损发质

特征：表面毛糙，鳞片开裂，形成微孔。长头发由于生长时间较长，在靠近发梢的 1/3 部分，出现头发疲劳而开叉的现象。

产生机理：染、烫、长时间暴露在有机溶剂环境中或长期阳光照射，皆会使头发纤维结构产生变化，形成干涩、枯黄及分叉等受损发质。

护理要点：建议选用修护功效的洗发产品。

5. 头皮屑发质

特征：一般出现在油性发质中，有明显皮屑状物体附着于头皮及毛发根部。

产生机理：头皮屑的产生有四种原因：第一种情况是头皮上正常衰老死去的皮肤角质小碎片，它与头皮分泌的皮脂及空气中坠落下来的尘埃一起，形成头皮屑；第二种情况是生理性新陈代谢较快，导致头皮屑产生增多；第三种情况是因某种原因，如食用大量的辛辣刺激性食物或大油多脂性食物等使皮脂的分泌溢出过多时，糠秕孢子

菌嗜食皮脂后会大量繁殖，同时，又产生分泌物进一步刺激皮脂的分泌，并加快表皮细胞的成熟和更替速度，周而复始的恶性循环使头皮屑也相应地增加；第四种情况是当机体患有一些疾病时，尤其是银屑病或内分泌异常的疾病时，也会使表皮细胞生长速度过快或皮脂病理性分泌增多，此时头皮屑也会大量产生。

护理要点：建议选用茶树、柑橘精油的洗发水。

任务实施

专业		班级	
姓名		小组成员	
任务描述			
头发的清洗与养护			
头发是人类外表美的重要组成部分，又是极易受到损伤的部分。受损后的头发毛躁易断、难以定型。为了保证头发的健康，请你与队员们分工合作，完成头发的清洗与养护。 具体要求：2～3名学生一组，设组长一人，小组成员互为模特，完成头发清洁与养护方案的制订，洗发、护发产品的选择，头发清洁与养护实施及头发弹性强度的检验			
实训目标			
知识目标	能力目标		素养目标
1. 了解头发的生理结构； 2. 掌握头发的清洁、养护方法	1. 能够按照正确的方法完成头发的清洁与养护； 2. 能够正确完成头发弹性强度的检验		1. 培养学生正确的人生观与价值观； 2. 培养学生职业文化理念
实施过程			
一、清洁与养护方案的制订			
二、洗发、护发产品的选择 1. 洗发产品的选择 2. 护发产品的选择			
三、清洁与养护的实施			
四、头发弹性强度的检验			

续表

考核评分					
考核任务	考核内容	考核标准	配分	得分
头发的清洗与养护（100分）	清洁与养护方案的制订（15）	明确不同发质特征及具体清洁护理要点	15	
	洗发、护发产品的选择（5）	根据不同发质选择恰当的洗发、护发产品	5	
	清洁与养护的实施（40）	洗发前将头发梳通	5	
		湿发水温及手法	5	
		洗发水的涂抹方法	5	
		洗发的手法	10	
		护发、润发产品的使用	5	
		冲洗适度	5	
		干发恰当	5	
	头发弹性强度的检验（40）	根据正确的检验方法完成头发的强度检验	40	

个人成绩：

评价		
自我评价	小组评价	教师评价

知识拓展

不同季节的头发护理

头发护理不仅与年龄、环境、身体状况有关，还应注意季节特点。

一、春季养发护发技巧

春季气候变化较大，初春可按冬季的护理方法，而暮春则可参照夏季的养护手段。具体的养发护发需根据气候的具体情况，合理地选用洗发水、养发剂和防晒品，使头发保持光亮、柔顺、易梳。

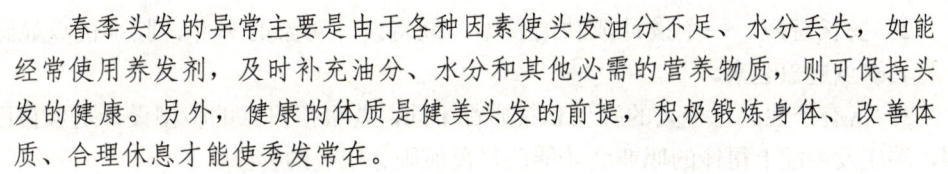

春季头发的异常主要是由于各种因素使头发油分不足、水分丢失，如能经常使用养发剂，及时补充油分、水分和其他必需的营养物质，则可保持头发的健康。另外，健康的体质是健美头发的前提，积极锻炼身体、改善体质、合理休息才能使秀发常在。

二、夏季养发护发技巧

夏季人体汗腺、皮脂腺分泌旺盛，大量的汗液、皮脂积聚在头发中，为细菌、真菌生长创造了良好的条件。因此，夏季1～2天洗发一次最宜，洗后建议选用养发剂，加强对头发的护理。另外，避免中午11时至下午3时外出，防止紫外线的损伤。

三、秋季养发护发技巧

秋季气候逐渐干燥，头发蓬松、易脱落，此时不宜烫发、染发，应多按摩头皮，使头部肌肉松弛，促进血液循环，加速毛发生长。生活中还需注意合理的营养摄入，多吃含蛋白质和维生素的食物，少吃刺激性食物。

四、冬季养发护发技巧

冬季气候干燥，人体汗腺和皮脂腺分泌较少，头发会变得干枯、无光泽、弹性降低、静电性增加、易吸附尘埃、头皮角质细胞脱落增多、头屑增加。建议在每次洗发后使用护发素。每天坚持按摩头皮，按摩结束后再涂上少量滋养发乳，使头发有足够的营养，变得光泽富有弹性。如头屑仍较多，可选用抗头屑洗发和养发产品。

任务二　民航职业发型设计

新知导入

视频：民航职业发型设计

一、发型设计

在现代社会生活中，人们对毛发的关注度日益增高。发型塑造，可以烘托出人的外在形象美和个性气质美，塑造出优雅的气质和良好的风度。民航服务人员在进行个人头发修饰时，不仅要恪守对于常人的一般性要求，还要依照自己的审美习惯和自身特点对自己的头发进行清洁、修剪、保养和美化，并根据工作规范进行发型的设计与修饰。

民航业中对发型的要求高过其他服务行业，发型的设计必须符合民航服务人员的工作形象要求。其原则如下：

（1）符合服务行业的形象标准，干净清爽、大方得体，同时方便进行相关服务工作。

（2）扬长避短。一个设计成功的发型，须将设计对象的头部、脸部优点显露出来，将其缺点遮盖起来。

（3）富有个性。每个人的脸型和气质都不同，要根据自己的脸型设计适合自己的发型，端庄发型配上得体的职业装才能凸显民航服务职业的形象。

二、民航职业发型要求

旅客对航空公司的印象主要从公司员工的行为细节中累积而来，而乘务员的职业形象会根深蒂固地停留在旅客的脑海里。因此，民航职业发型既要兼顾个人及公司形象，又要能够向旅客表示尊重。具体要求如下。

（一）女性民航服务人员的发型要求

女性乘务员的发型可分为短发和长发两种发型。

1. 短发

（1）标准：头发的长度最短不得短于 2 寸，可烫发，但整体造型应该柔和、圆润（图 2-2-1）。

图 2-2-1　女乘务员短发

（2）短发的刘海需经过打理并进行固定，禁止服务时头发掉下遮住脸颊，或在服务过程中头发掉入餐食或饮品中，造成服务差错引起旅客的不满。

（3）服务人员禁止烫爆炸式、板寸式、翻翘式和侧剃式的短发，不能给人以非主流的形象，发型的背面长度不能超过衣领的上缘，颜色选用黑色为宜。

2. 长发

（1）长度：头发的长度以刚好过肩为宜，便于后期进行盘发以打造整体的造型。

（2）发髻：长发必须扎起来，发尾处需用隐形发网盘绕为圆形。具体操作步骤：先将长发扎成马尾式，然后用隐形发网盘成发髻，隐形发网根据发量的多少分为不同的长度，要根据自己的发量选择不同长度的发网，马尾长度不得超过发网，长发扎起的高度适中，发髻需与双耳最高点齐平，不可过高或过低。

（3）前额：前额可根据个人发量和发际线位置及脸型自由选择后背式或侧分式造

型，圆形脸前额适合做后背式，长形脸前额做后背式、侧分式均可。

1）后背式造型特点：头顶部头发蓬起高度为 3～5 cm，并将头发全部向后梳理通顺，并用定型产品进行固定。

2）侧分式造型特点：以眉毛的眉峰为点用梳子画条延长线，此延长线则为发型的侧发线，先整理出部分侧发，用夹子进行固定后将马尾梳好，再将预留的侧发从耳后别过扎入马尾中，并在耳后用一字夹将刘海固定，随后用定型产品进行最后的打理及固定。刘海禁止过长过宽，以免服务时掉下遮住眉毛和眼睛。

（二）男性民航服务人员的发型要求

（1）发型轮廓分明，前不遮眉、侧不盖耳、后不及领。

（2）头发须保持自然的黑色，不允许染成其他颜色。

（3）其他要求：使用发胶、摩丝等定型产品，头发不得有蓬乱的感觉。禁止出现烫发、光头、板寸和鸡冠头等怪异发型。

（4）打理步骤：

1）洗发后，将头发按所需造型方向从发根吹干吹蓬。

2）将定型产品均匀涂于手上，按所吹方向涂抹，涂抹时应先抓发根，再抓发尾。

3）打造空气层次感，按所需进行造型制造纹理感，注意整体轮廓。

4）喷干胶定型，最后调整，避免毛躁。

（5）注意事项：

1）吹发及造型时顶区应略高于其他地方。

2）造型时，走向应顺着头发本身纹理方向为主。

3）定型时，应使用雾状的定型产品，不要使用水状，切记不要使用啫喱水、啫喱膏。

4）经过烫发处理、做过方向感的头发应使用清爽质感的乳状发蜡，未经处理的头发应使用造型性强的固体发蜡、发泥。

三、民航盘发流程与技巧

盘发需要准备尖尾梳、长梳、隐形发网、发胶或定型喷雾、皮筋、一字形夹及 U 形夹等。盘发操作流程如下：

（1）捆扎马尾。先将所有头发梳理通顺后，建议采用高弹力发绳将马尾扎起来，马尾的高度在耳朵中上部，不要使用发圈，因为高弹力发绳可以捆扎得更紧，马尾更贴合头部，对头皮的拉扯感小，发髻也更牢固。然后用定型产品将头顶部的碎发粘于表面，可根据需要在耳后每侧各用一个一字形夹固定。

（2）挑高头发。根据自己的脸型，选择挑高的高度和位置。头顶部头发挑起的高度为 3～5 cm。如果头顶部的头发完全贴于头皮，整个发型会显得过于呆板，如果头顶部头发挑起高于 5 cm，整个发型就会显得过于夸张。

（3）固定发网。先将发网套在马尾上，用U形夹将发网固定在发绳处，然后把发网撑开，将头发全部放入发网中，拉住发网一侧的边缘，按同一方向包裹马尾。

（4）盘发髻。将包裹住的头发轻轻旋转，手掌配合托住发髻，发网末梢藏进发髻里，用外层翻压，整体呈现圆润的花苞状，并紧贴于头部，不要盘绕成多层螺旋状。需要注意的是，发髻最大直径不超过9 cm，厚度不超过5 cm。

（5）固定发髻。用4个U形夹分别在上、下、左、右四个方向固定发髻，U形夹垂直头皮插入，再朝着皮筋的方向插入头发中。

（6）整理碎发。发型四周的碎发必须用发胶固定好。将头顶部头发用尖尾梳做微调整，让头顶部头发不紧贴于头皮。

（7）盘好后的发型展示。整个发型要干净、整洁，没有杂乱的碎发，有立体感（图 2-2-2）。

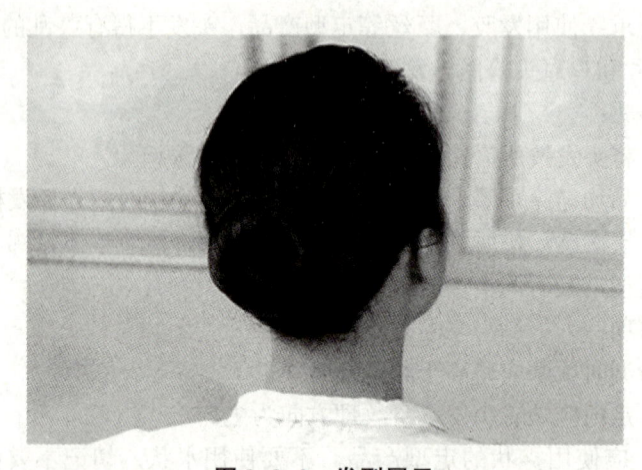

图 2-2-2　发型展示

任务实施

专业		班级	
姓名		小组成员	
任务描述			
民航职业发型设计			
发型在职业生活中占着举足轻重的位置和不可磨灭的功绩，可以体现不同的个性和不同的审美标准，可以烘托出人的外在形象美和个性气质美。请你与队员们分工合作，完成民航职业发型设计。 　　具体要求：4~6名学生一组，设组长一人，小组成员互为模特，完成发型设计工具的选择，男乘务员发型方案设计与打造，女乘务员短发、长发发型方案设计与打造			

续表

实训目标		
知识目标	能力目标	素养目标
1. 了解民航职业发型设计原则； 2. 了解民航职业发型要求； 3. 掌握民航盘发流程与方法	1. 能够根据民航职业发型要求分别设计男乘务员、女乘务员发型； 2. 能够使用尖尾梳、长梳、隐形发网、发胶等工具完成民航标准盘发	1. 培养学生细致沟通与协作意识； 2. 培养学生人文关怀理念
实施过程		

一、发型设计工具

二、男乘务员发型设计
1. 发型设计方案

2. 发型打造流程

三、女乘务员短发设计
1. 发型设计方案

2. 发型打造流程

四、女乘务员长发设计
1. 发型设计方案

2. 发型打造流程

续表

考核评分				
考核任务	考核内容	考核标准	配分	得分
民航职业发型设计（100分）	发型设计工具（10）	工具选择恰当、使用流畅	10	
	男乘务员发型设计（30）	发型设计方案	5	
		发型轮廓分明，前不遮眉、侧不盖耳、后不及领	15	
		发色自然黑色	5	
		发型打理合宜、不蓬乱	5	
	女乘务员短发设计（20）	发型设计方案	5	
		发型整体柔和、圆润	5	
		长度不得短于2寸	5	
		刘海打理并固定	5	
	女乘务员长发设计（40）	发型设计方案	5	
		头发的长度合宜	3	
		捆扎马尾位置合宜	2	
		头顶部头发挑起的高度为3～5 cm	5	
		发网固定牢靠、包裹全面	5	
		发髻形状圆润，直径不超过9 cm，厚度不超过5 cm	10	
		发髻固定稳固，不松散	5	
		发型干净、整洁，没有杂乱的碎发	5	
个人成绩：				
评价				
自我评价		小组评价		教师评价

知识拓展

法式髻

空乘人员是空中最亮丽的风景线，其服饰、发髻不仅展现了个人的基本形象，还展现了航空公司的文化理念。而对于不同的航空公司而言，选择的发型不同，其编盘方法也不尽相同。例如，春、秋季节航空公司要求长发乘务员统一盘成法式发髻。

法式空姐盘发发型最大的特点就是头顶上面的头发是有几分小蓬松的，正因为是把头顶上面的头发处理得有点儿小蓬松式的，所以看起来更显得端庄大气。具体盘发步骤如下（图 2-2-3）：

步骤一：首先把头发梳顺，然后用手或梳子梳个低马尾，并一只手握住马尾的顶部，另一只手开始转马尾的尾端，待转上去后，法式髻的雏形就基本出来了。

步骤二：一边把法式盘发一侧向上推，使头顶蓬松，然后另一只手把马尾的尾端塞进发髻里面。如果头发太长，需将发尾多折几下才能完全把头发塞进去。

步骤三：用梳子向另一侧梳，将凌乱的地方盖好，把多余的头发塞到发髻内侧，多梳几次发髻就会呈现较好。

步骤四：梳好之后，用 U 形夹将发髻固定起来，确保发髻稳稳的不会散就好。打理发梢，让它们保持自然，然后喷上发胶进行定型。

图 2-2-3　法式髻盘发过程

思考与练习

1. 简述头发清洗的步骤。
2. 简述女乘务员职业的发型要求。
3. 简述男乘务员职业的发型要求。
4. 简述盘发的方法和技巧。

项目三
职业着装塑造

项目描述

在新时代民航强国发展战略进程中，民航运输从业人员塑造的职业形象不仅代表着航空公司的企业形象，还代表着民航行业的形象。制服着装是职业形象塑造的重要组成部分，从事民航服务工作，必须尊重所在企业的制服文化。中国航空运输协会编制的《民航客舱乘务员职业形象规范》也对制服着装进行了严格规范。该规范既有很多民航特色的要求，又有很多符合时代要求的新内容。

项目目标

知识目标：掌握服饰搭配的技巧和民航制服着装的要求。

能力目标：能够塑造符合商务要求的职业着装和符合民航行业标准的制服着装。

素养目标：树立民航强国的发展意识。通过民航制服的演变感受中国民航的发展变化，增强职业认同；通过民航元素的职业服务，提升文化自信。

任务一 服饰搭配技巧

新知导入

一、色彩的布局与搭配

视频：服饰搭配技巧

服装这面时代的镜子，从其特有的角度，映照出人类社会物质及精神文明进步、发展的面貌。色彩、款式、材质是构成服装的三大要素（图3-1-1）。五光十色的大千世界，色彩使宇宙万物充满情感，显得生机勃勃。色彩作为一种最普及的审美形式，它无处不在。而服装色彩，更是鲜明、强烈地给人的视觉以"先声夺人"的第一印象，从而成为服装中重要的组成部分。用色彩来装饰自身是人类最冲动、最原始的本能。

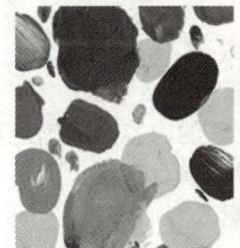

图3-1-1 构成服装的三大要素——色彩、款式、材质

（一）服饰色彩的功能

随着人类的发展，不同时代对服装色彩赋予了不同的理解，但服装色彩的构成仍然包含三种属性：一是实用功能性的体现，能够保护身体，抵抗自然界的侵袭；二是审美装饰性的体现，色彩本身对服装具有装饰作用，优美图案与和谐色彩的有机结合，能在同样结构的服装中，赋予各自不同的装饰效果；三是社会象征性的体现，它不仅能区别穿着者的年龄、性别、性格及职业，而且表示了穿着者的社会地位，如图3-1-2所示。

图3-1-2 服饰色彩的功能

27

要掌握服饰色彩的搭配原则，首先要对服装色彩情感因素的历史作用有一定的认知。色彩本无特定的感情内容，它是通过感官体验在人脑中引起思想活动的。人们的联想、习惯、审美意识等因素，给色彩披上了感情的轻纱。最初的服装具有实用功能，随着人类物质生活的发展，演变为社会地位的象征物。

中国上下几千年，黄色代表了神圣和至高无上，象征中央，红色象征南方，青色象征东方，白色象征西方，黑色象征北方。象征中央的黄色是一种温和的暖色，轻快、明亮、富丽是我国帝王服装的专用色。佛教也视黄色为神圣、信仰的象征。然而在西方基督教国家，黄色是卑劣的色彩，将它运用到犯人的囚服上，具有背叛可耻的象征。蓝色和红色刚好相反，是色彩中最含蓄、最内向的颜色，给人以纯洁透明的感觉。蓝色自古以来受人喜爱，它既有大家风范，又小家碧玉的情调，中国人也对蓝色情有独钟，由此建立了独具华夏民族意韵的蓝色系列，如青花瓷、蜡染、蓝印花布等，所用蓝色表现得十分古朴，深沉的靛蓝与纯净的白色相配具有浓厚的中国情结。在欧洲，蓝色的运用也非常广泛，欧洲人认为蓝色是高贵的标志，是欧洲王室的象征色，"皇家蓝"由此得名。牛仔服的诞生更为庞大的蓝色家族注入淳朴和自然的韵味，蓝色调通常也与工作服、学生服、海军服联系在一起。

（二）服饰色彩的搭配原则

色彩有丰富的感情内涵，那么，如何能把它的语言、它的内容，准确地运用到服装领域中，进行搭配穿着呢？如何能使色彩在服装上显得和谐、高雅，而不是平庸、单调呢？这就涉及一个非常重要的问题——关于色彩的搭配。

色彩本身不存在美丑，各种颜色都有固有的美。配色时以色与色之间的关系，来体现它的美感，色彩搭配应遵循三点基本原理：一是要按照一定的计划和秩序搭配色彩；二是相互搭配的色彩应主次分明，各色之间所占的位置和面积，一般按照接近黄金分割线比例关系搭配，容易产生秩序美；三是由搭配而产生的运动感是不可少的，它可由服装本身的图案、面料色彩的重复出现、面料的工艺而产生。另外，色彩的运动感也可由色的彩度和明度按规律地渐变或者配色本身的形状而产生。

无论如何搭配，最终必须使其效果在心理和视觉上有和谐感。根据以上的原理可以从色彩的三要素——明度、色相、纯度进行色彩搭配，使服装色彩之间的搭配组合产生美的效果。明度是指色的明暗程度，也称深浅度，是表现色彩层次感的基础；色相是指色彩的相貌，是区分色彩的主要依据；纯度是指色彩的鲜浊程度（图3-1-3）。

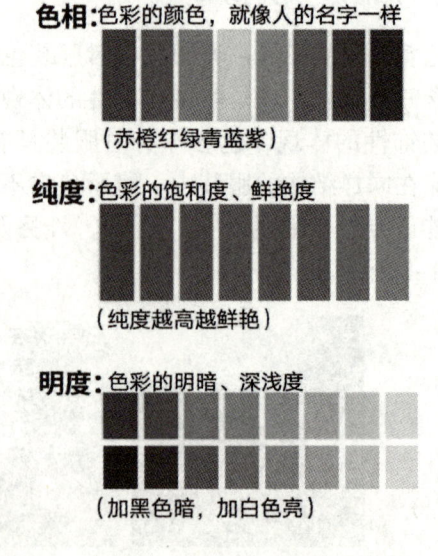

色相：色彩的颜色，就像人的名字一样
（赤橙红绿青蓝紫）

纯度：色彩的饱和度、鲜艳度
（纯度越高越鲜艳）

明度：色彩的明暗、深浅度
（加黑色暗，加白色亮）

图3-1-3　色彩的三要素——明度、色相、纯度

1. 明度配色

不同明暗程度的色彩组合,配置在一起,更多地注重色彩的明度调性及对比度。服饰明度配色,有下面三种配色形式及效果(图3-1-4、图3-1-5)。

(1)高明度调的配色,形成一种优雅的明亮调子,如白、高明度淡黄、粉绿、粉蓝等色彩,常被认为是富有女性感的色调,也是夏季常用的服装色调。

(2)中明度调的配色,是中年人最适用的服饰色彩,形成一种含蓄、庄重的风格。它也是青年人常用的配色原则,如用较高纯度的红色、蓝色搭配,使穿着具有一种活泼的性格。

(3)低明度调的配色,形成偏深色的沉静调子,具有一种庄重、严肃、文雅而忧郁之感。这种调性,若青年人使用则显得文静、内向而深沉;若老年人使用则显得庄重、含蓄而老沉。低明度调是冬季服饰最常使用的颜色。

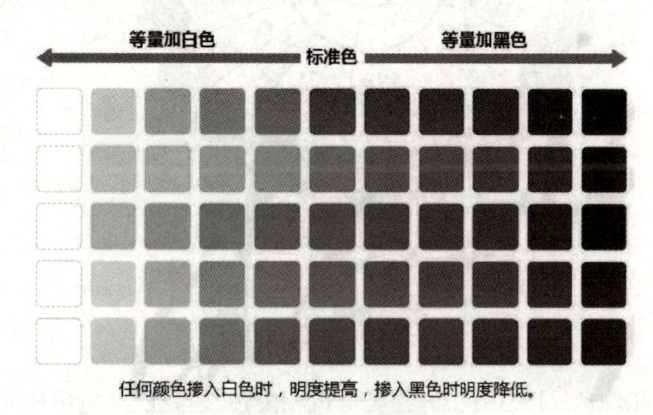

图3-1-4 明度配色

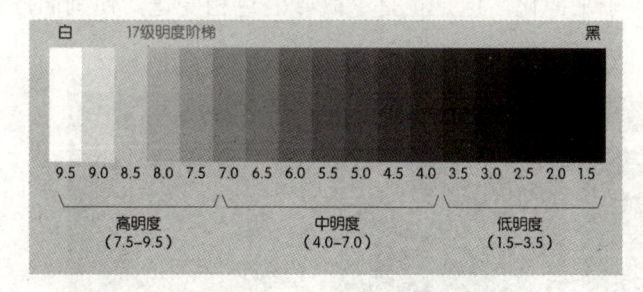

图3-1-5 17级明度阶梯

2. 色相配色

服饰色彩的整体设计往往是以多色相配置而构成的。其配色的视觉效果首先以明度差和纯度差的适当变化为条件,将色相作为中心来看待。色彩使用得越多,就越需要某种统一的要素。

多色相配合可以形成不同的视觉效果,搭配方式可分为类似色相配色、邻近色相配色、对比色相配色、互补色相配色(图3-1-6)。在服饰色彩搭配时,人们要注意三点：第一，注意色彩明度、色相、纯度上的对比关系的适度性；第二，注意色与面积、形状、位置、聚散、虚实关系的统一性；第三，注意色与色之间的呼应、穿插、重叠、主从关系的和谐性，要达到多而不乱、多变统一的效果。

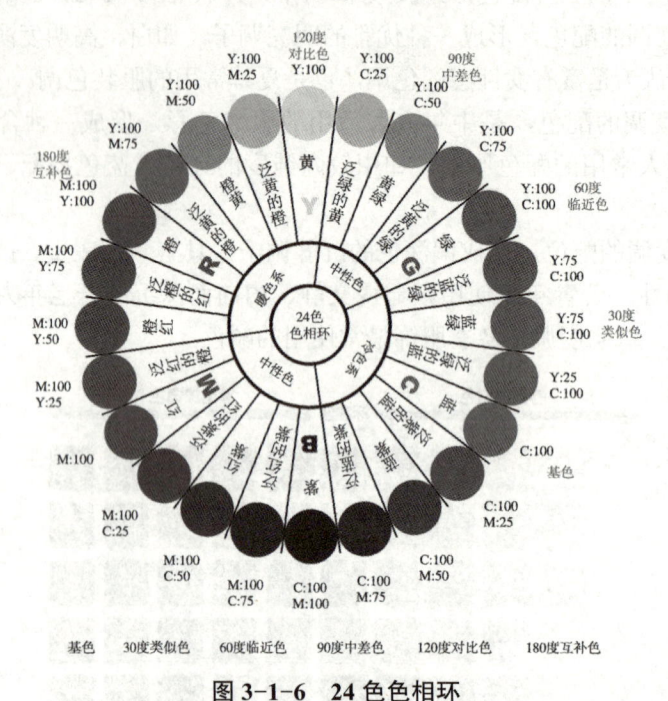

图 3-1-6　24 色色相环

（1）类似色相配色（图 3-1-7）：类似色相配色是指在 24 色色相环上间隔为 30 度的色相的配色。在类似色相配色中，由于色相区别不大，使色相间的对比较弱，所以产生的效果常常趋于平面化，但是正是这微妙的色相变化，使画面产生比较清新、雅致的视觉效果。

图 3-1-7　类似色相配色

(2)邻近色相配色（图 3-1-8）：邻近色相配色是指用近似色相进行色彩搭配的方式。在 24 色色相环中间隔为 60 度的色相都属于邻近关系。邻近色相的搭配既能保持色调的亲近性，又能突显色彩的差异性，效果比较丰富。

图 3-1-8 邻近色相配色

(3)对比色相配色（图 3-1-9）：对比色相配色是指 24 色色相环上间隔为 120 度的色相的搭配组合。对比色相配色是采用色彩冲突性比较强的色相进行搭配的，从而使视觉效果更加鲜明、强烈、饱满，给人兴奋的感觉。

图 3-1-9 对比色相配色

(4)互补色相配色（图 3-1-10）：互补色相配色是指在 24 色色相环上直径两端互成 180 度的色相间的配色。互补色相搭配产生的色彩对比是最为强烈的，相较于其他类型的色相配色，互补色相更具有感官刺激性，是产生视觉平衡的最好的组合方式。

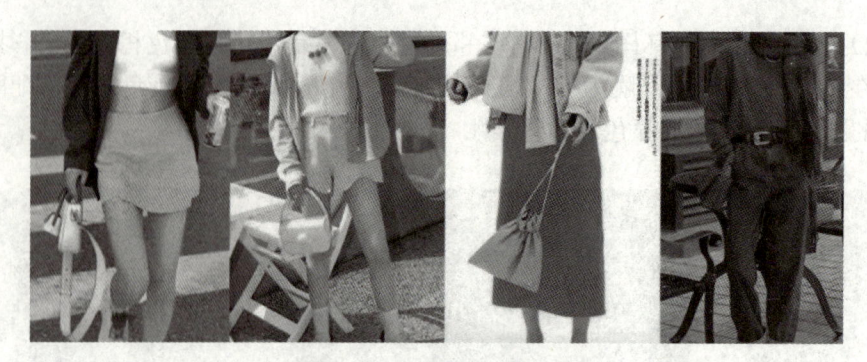

图 3-1-10　互补色相配色

3. 纯度配色

服饰上的色彩，如果在视觉上感到过分华丽，或过分年轻，或过分朴素，或过分热烈等，都是由于服饰色彩纯度上过强或过弱而形成的（图 3-1-11、图 3-1-12）。

图 3-1-11　纯度配色

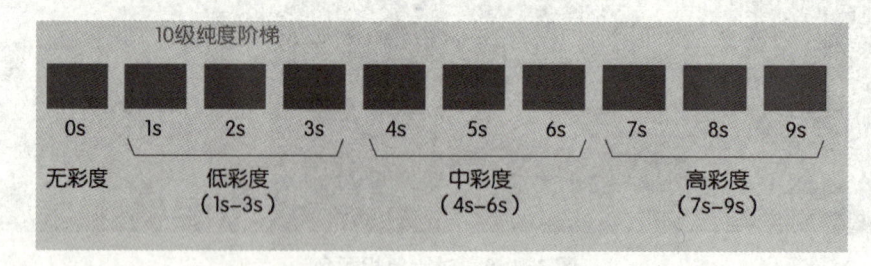

图 3-1-12　10 级纯度阶梯

对于服饰搭配的初学者来说，尽量选择黑、白、灰等颜色的服装。黑、白、灰又属于中性色，因此很容易和其他颜色相搭配。搭配效果往往也还不错，黑、白既矛盾又相互统一，单纯又干练，所以称黑白色为永不过时的颜色不是没有道理的。但在无彩色中灰色的层次变化最为丰富，因此，饱和度不高的灰系莫兰迪色系，也备受时尚人士推崇（图 3-1-13、图 3-1-14）。

图 3-1-13 黑、白、灰色系搭配

图 3-1-14 莫兰迪色系

二、款式造型的选择与搭配

从色彩视觉上来讲,浅色、暖色会给人膨胀的感觉,深色、冷色会给人收缩的感觉。巧妙地运用服饰色彩对人的错觉效果可以显示体型优点,弥补体型缺陷,实现对体态的扬其所长、避其所短的美化效果。关于体型的分类,其方法有很多种,在这里选用比较直观的字母分类法,也就是可将体型分为 A、H、O、X、Y 等类型(图 3-1-15)。

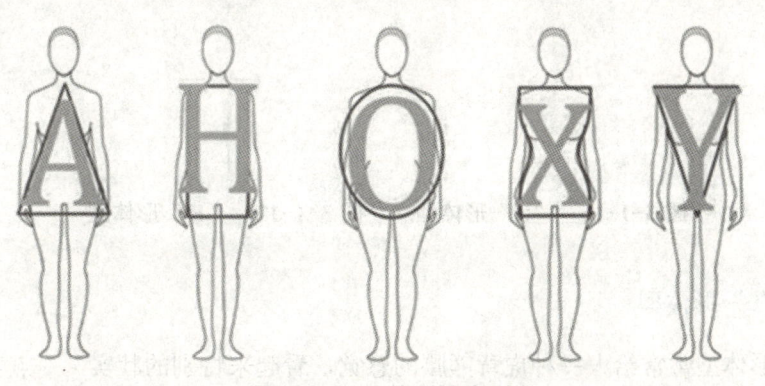

图 3-1-15 体型的类型

（一）"A"形体型

"A"形体型俗称"梨子形"（图3-1-16）。一般窄肩，腰部较细，腹部突出，臀部过于丰满，大腿粗壮，下身重量相对集中，因此，在整体上使下部显得沉重。这种体型服饰色彩的选用原则与"Y"形体型的人大致相反。下身可选用线条柔和、质地厚薄均匀、色彩纯实偏深的长裙，上下身服饰色彩反差不宜过小，并扎上一条窄的皮带，这样就能避免别人视线下引，造成视觉体型上匀称的效果，或者下裙选用较暗、单色调裙子，配以色彩明亮鲜艳的有膨胀感的上衣，就能达到收缩臀部而扩大胸部的视觉效果。

（二）"H"形体型

"H"形体型的特征是上下一样粗，腰身线条起伏不明显，整体上缺少"三围"的曲线变化（图3-1-17）。这种体型的人着装可采用色彩对比较强的直向条纹的连衣裙，再加一根深色宽皮带，由对比强烈的直向线条造成的视觉差与深色的宽皮带造成的凝聚感，能消除没有腰身的感觉，从而给人以洒脱轻盈之感。

图 3-1-16　"A"形体型　　图 3-1-17　"H"形体型

（三）"O"形体型

"O"形体型常常给人一种虎背熊腰的感觉，看起来特别的壮实，一点都没有女性的柔美感（图3-1-18）。作为"O"形体型的女性，最重要的"搭配技巧"就是凸显腰线，腰线对于女性来说是特别重要的一个点，不仅可以使人看起来非常的显高，同时还可以显瘦，腰线也可以修饰身材缺陷，看起来具有"S"形的身材曲线，同时可以遮挡住腹部及臀部的赘肉。

（四）"X"形体型

"X"形体型俗称"沙漏型"，又叫作匀称的体型（图3-1-19）。尤其对女性来说，这是经典、理想和标准的体型，给人以协调、和谐的美感。匀称的体型是标准体型，身体曲线优美，无论穿着哪种服饰都恰到好处。"X"形体型的人，若穿着"X"款的服饰，会显得高贵典雅，仪态万千。这种造型生动活泼，备受人们的喜爱。

（五）"Y"形体型

对于男性来说，"Y"形是最标准、最健美的体型。这种倒三角形的着装，可轻易地显示男性的潇洒、健美风度。然而，"Y"形体型对于女性来说，并不是一个优美的体型（图3-1-20）。虽然这是一种女性感特别强的体型，但这种肩部宽、胸部大且过于丰满，会使身高显得矮一点。为此，选择服饰时，上衣最好选用暗灰色调或冷色调，使上身在视觉上显得小一点，也可以利用饰品色彩来表现腰、臀和腿，避免别人的注意力集中到上部。上衣不宜选择艳色、暖色或亮色，也不宜选择前胸部有绣花之类的色彩装饰。

图3-1-18 "O"形体型　图3-1-19 "X"形体型　图3-1-20 "Y"形体型

任务实施

专业		班级	
姓名		小组成员	
任务描述			
我是服装搭配师			
将班级同学按照每组 8 人进行分组，组成搭配师团队。通过服饰搭配技巧的学习，进行服饰搭配比赛。比赛可分为"限定单品搭配"和"自拟主题搭配"两个环节。 　　"限定单品搭配"为课堂任务实施环节，要求各小组必须运用白衬衣这一单品，结合其他服饰元素进行限定搭配，利用课上规定的时间进行搭配，现场讲解搭配思路。 　　"自拟主题搭配"为课后任务实施环节，每个小组确定自己的服饰搭配主题，按照主题小组成员每人进行自由搭配，拍摄成照片并配有文字说明，上传课程学习平台			
实训目标			
知识目标	能力目标		素养目标
1. 了解服饰色彩的搭配原则； 2. 了解款式与形体的搭配技巧	1. 能掌握并运用服饰色彩的搭配原则； 2. 能掌握并运用款式与形体的搭配技巧		1. 能良好地与他人分工协作，统筹协调； 2. 有一定的语言组织能力及演讲能力
实施过程			
一、限定单品搭配 二、自拟主题搭配 			

续表

考核评分				
考核任务	考核内容	考核标准	配分	得分
限定单品搭配（50分）	服饰色彩的搭配	符合色彩搭配原则	5	
		色彩协调性强、和谐统一	5	
		色彩视觉美感强、实用性强	5	
	服饰款式的选择	符合款式选择原则	5	
		款式风格要与色彩相辅相成	5	
		首饰与款式协调统一	5	
	现场演讲	符合主题	5	
		条理清晰	5	
		语言流畅	5	
		举止自然	5	
自拟主题搭配（50分）	服饰色彩的搭配	符合色彩搭配原则	5	
		色彩协调性强、和谐统一	5	
		色彩视觉美感强、实用性强	5	
	服饰款式的选择	符合款式选择原则	5	
		款式风格要与色彩相辅相成	5	
		首饰与款式协调统一	5	
	作品的搭配说明	搭配符合自拟主题	10	
		文字表述清晰	10	

个人成绩：

评价		
自我评价	小组评价	教师评价

知识拓展

服装色彩与人的关系

服装素有"软雕塑"和"流动的绘画"的美称。在日常工作及生活中，通过对色彩视觉规律和色彩视觉错觉的利用研究，达到肤色、体态和色彩美的整体统一。服装色彩和自然界色彩相比较而言，服装色彩的选用局限性很大，要因人、因地、因时而异，所有的服装都是为人服务的。所以，服装色彩与人的关系概括起来可分为服装色彩与自然环境的关系、服装色彩与社会生活的关系、服装色彩与人文环境的关系。

一、服装色彩与自然环境的关系

环境是指人生存空间周围的状况，而环境意识是人们现代意识的重要发展。服装色彩只有与环境结合在一起，其价值和特征才能被真正地体现出来。这个环境既包括服装与人所处的小环境，也包括服装与它所处的背景、时代的大环境。

人类在不同的地理环境中，服装色彩形态直接受自然环境的制约而变化。有关专家根据因地理环境不同所受到的太阳光的不同影响，可将世界大致分为北欧型的清冷色系和非洲、墨西哥的鲜暖色系两大类（图3-1-21）。人们对不同的自然光线所显示的颜色有不同的感觉，这种现象称为演色性。

图3-1-21 服装色彩受地域光线的影响

由于这种光线色的影响，在北欧偏荧光色的光线中，人们更喜欢蓝色和绿色。居住在阳光充足区域的人们大多喜欢明丽鲜艳的色彩，特别是暖色系的色彩。在干旱少雨、飞沙走石的沙漠地带，人们对黄色司空见惯，那里的人们渴望绿色，这些国家的国旗基本上都是以绿色为主色调。服装色彩也与四季相适应（图3-1-22）。例如，秋、冬两季万物凋零，尤其冬天下雪后，白茫茫一片，所以在服饰色彩的选择上一般会选择偏深的暖色调；春季则是万物复苏，自然界色彩最为丰富的时候，所以春季服饰则适合色彩柔和、轻盈，多选用淡黄色、粉红色、粉蓝色等，而很少出现褐色、黑色等；而到了夏季，气温升高，骄阳似火，这时的服饰色彩宜浅，给人以凉爽的感觉。

当然，服装色彩还要为实用服务，这就要考虑使用者的职业性质，因为职业要求必须和环境的要求相一致。例如，军队服装采用低认知度、低刺激度的色彩，选用绿色或绿色调的迷彩色，这是为了自己能和自然环境融为一体，不被暴露。另外，在城市中的执法人员和警察，则采用了灰色或灰褐色的迷彩色，之所以采用了灰色调是因为城市的路面房屋大部分是钢筋水泥，而职业的性质又决定了要与城市的主色调融为一体。当然，服装的配色也有需要和环境色相违背的，在环境中起到瞩目的作用，例如，一些泳装的设计，在用色上突出对比采用醒目的色彩，选用红色、橙色、黑色等，目的就是和环境色区分开，有利于救援，这也是救生衣选用橙色的原因。空中乘务人员的制服多以辨识度高的颜色为主色，整体设计结合航空公司企业文化，以提高空乘人员整体的着装形象素质（图3-1-23）。

图3-1-22　服装色彩与四季相适应　　　图3-1-23　空中乘务人员制服

二、服装色彩与社会环境的关系

服装色彩与社会环境的关系体现在社会环境与人们的服饰色彩组成了整体的社会生活色调。社会环境是人们生活、活动的空间和背景，也就是说服装色彩是社会整体色调的组成部分。

（一）政治对服装色彩的影响

服装色彩在人们创造性的审美活动中，能够表现出不同的社会属性和情感意志。因为在服装色彩的创作和使用中，要将它看作是一个整体性和综合性的因素来考虑。这也是它的一个重要的特性。由于人们对于服装色彩的如何运用有着不同的意识和方式，所以由这种不同的用色现象也往往能够体现出不同的社会政治气氛。服装色彩形态的变化直接体现了社会环境中的政治性变化。在中国古代官服制度演变中，服色制度就是利用服装色彩区分官员等级的体现。

（二）民族对服装色彩的影响

人类社会中存在着很多不同的民族，由于他们所处的地理位置、自然环境及生活方式、语言表达、风俗习惯、宗教信仰、心理素质、社会背景的不同，对色彩的理解和要求也各不相同。例如，红色在我国也叫作赤色，赤字起源于古文字大、火二字的结合，解释为"大明""太阳色"，所以，红色在我国一直是吉祥的颜色。古埃及人、古希腊人、罗马人都崇尚白色的衣服。欧美人举行婚礼，婚纱的颜色必须是白色的，这是因为白色是神圣、纯洁、吉祥的象征。法国和西班牙民族热情奔放、爽朗明快，使得他们与明朗的色彩相融合；北欧阴冷、严酷的自然条件与持续甚久的宗教哲理精神，使得他们的民族服饰色彩趋于冷淡。各民族对于色彩的不同爱好，往往可以从自然生活条件中找到依据，但民族用色的偏好却更多属于社会性原因。如图3-1-24所示为中外婚礼礼服。

图 3-1-24　中外婚礼礼服

三、服装色彩与人文环境的关系

人总是在一定的空间、时间中活动的，所以，服装色彩也要和人的活动环境协调一致。服装色彩与环境的和谐，是指人在着装时必须要考虑到着装的颜色与环境的适宜和统一，也就是通常所说的"适时"。这里的环境也包括自然环境和人文环境。所谓人文环境，不同于四季变化的大的自然环境，而是指人们平时活动所处的小环境。例如，去参加宴会，根据中国人的习俗，应该穿着具有喜庆气氛色彩的服装，红色是生命的象征，它和太阳联系起来，无论青年人穿还是老年人穿，它都给人以青春活力、积极向上的感觉。学者参加学术研讨会时，如果穿着色彩斑斓的艳丽服饰，则会与研讨会严谨、肃穆的气氛相违背。在寒冷的条件下工作的人常穿着暖色调服装，这样可以增强人们心理的暖和感（图3-1-25）。

图 3-1-25　寒冬中的"暖心橙"

从整体上来讲，服装色彩的美体现了艺术美的一种特性。随着美学的发展，人们逐渐认识到服装美的体现，在于穿着者与服饰相融合，如果服装不与人相结合，便失去了其存在的意义。服装色彩美的核心是要表现人的美。如果脱离了这一核心，盲目地追求色彩的美，只能得到适得其反的效果。因此，在选择颜色的同时，应充分发挥自己的优势，不能只见衣冠不见人，远离了美化人体这一核心。

服装色彩与人和谐，主要是指色彩与人的年龄、性格、体型、面貌、气质、肤色等外在与内在的因素相适应，这可以说是"得体"。常常听到有人这样说："这个颜色真美。"实际上任何一种颜色都无所谓美与不美，服装及色彩要达到"为人服务"的目的和最佳效果，必须要达到服装色彩与人体相协调的环境关系。

（1）要与肤色相协调。服装色彩具有自己鲜明的独特性，但最重要的还是要与人的肤色相协调。只有与肤色相协调，才能真正显示出服装色彩的艺术魅力。

（2）要与审美趣味相协调。俗话说："穿衣戴帽，各有所好。""所好"就是人的不同的审美趣味，如青年人和老年人的审美趣味就常常表现出明显的不同，即使在青年人中，也会由于学识、职业等的不同，造成审美趣味或大或小的差异。

（3）要与体型特征相协调。每个人都有一个比较稳定的体型特征，这个特征决定着服装及其色彩的适合范围。如果对自己的体型特征不了解，就谈不上选择自己体型的服饰及其色彩。

服饰审美感知的过程，是服装色彩与人、与自然、与社会环境之间相互联系、共生共创的美的建构。

任务二　商务着装

新知导入

服装时尚领域有这样一句经典的话："流行会消失，风格永垂不朽。"一个人在自己的生命历程中穿着职业服装的时间并不长，风格独特、样式及色彩运用准确的商务着装搭配是最能够凸显职场工作人员内在文化素养和职业风范的服饰。职业商务着装不是用来张扬个性的，而是用于表现职业精神的。

视频：商务着装技巧

一、商务着装原则

（一）TPO 原则

TPO（即 Time、Place、Occasion）原则（图 3-2-1）——一个人的着装打扮要优先考虑时间、地点和场合三大要素，并努力在穿着打扮的各个方面与时间、地点、场合保持一致。

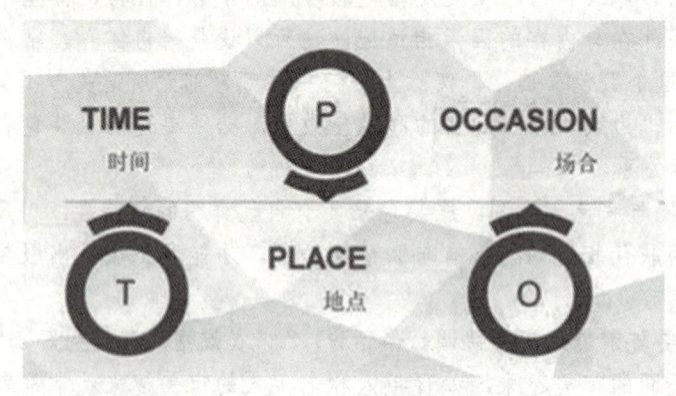

图 3-2-1　着装 TPO 原则

1. 时间

一年有春、夏、秋、冬四季的交替，一天有 24 小时的变化。显而易见，在不同的时间里，着装的类别、式样、造型应因此而有所变化。例如，冬天要穿保暖、御寒的冬装，夏天要穿通气、吸汗、凉爽的夏装。白天穿的衣服需要面对他人，应当合身、严谨；晚上穿的衣服不为外人所见，应当宽大、随意等。

2. 地点

置身在室内或室外，驻足于闹市或乡村，停留在国内或国外，身处于单位或家中，在这些变化不同的地点，着装的款式理当有所不同，切不可以不变而应万变。例如，穿泳装出现在海滨、浴场，是人们司空见惯的，但若是穿着它去上班、逛街，则会令人哗然。

3. 场合

人们的着装往往体现着其一定的意愿，即自己对着装留给他人的印象如何，是有一定预期的。着装应适应自己扮演的社会角色，在现代社会中要讲其目的性，工作场合需穿工作装，社交场合需穿正装，一个人穿着款式庄重的服装前去应聘新职、洽谈生意，说明他郑重其事、渴望成功。而在这类场合中，若选择款式暴露、性感的服装，则表示自视甚高，对求职、生意的重视远远不及对其本人的重视。

（二）整体性原则

正确的着装能起到修饰形体、容貌等作用，形成和谐的整体美。服饰的整体美构成，包括人的形体、内在气质和服饰的款式、色彩、质地、工艺及着装环境等。服饰美就是从多种因素的和谐统一中显现出来的。

（三）个性化原则

着装的个性化原则，主要是指依个人的性格、年龄、身材、爱好、职业等要素着装，力求反映一个人的个性特征。选择服装因人而异，着装的重点在于展示所长，遮掩所短，显现独特的个性魅力和最佳风貌。现代人的服饰呈现出越来越强的表现个性的趋势。

（四）整洁性原则

在任何情况下，服饰都应该是整洁的。衣服不能沾有污渍，不能有破洞，扣子等配件应齐全。衣领和袖口处要注意整洁。

（五）协调性原则

（1）着装要满足担当不同社会角色的需要。人们的社会生活是多方面、多层次的，在不同的场合担当不同的社会角色，因此要根据情况选择不同的着装，以满足担当不同社会角色的需要。

（2）着装要和肤色、形体、年龄相协调。例如，较胖的人不要穿横格的衣服；肩胛窄小的人可以选择有衬肩的上衣，颈短的人可以选择无领或低领款式的上衣。

（3）着装还要注意色彩的搭配。灵活运用色彩搭配法既能突出各自的特征，又能相映生辉。

二、男士商务着装

男士正装是社交场合的正确穿着，不仅能表现出一个人的品位和气质，而且是自尊与尊重对方、体现自身修养，特别是礼仪修养的充分展现。男士们应该多花心思在正装的穿着搭配上，即便是穿着机会少、价格昂贵，但却是男士们必不可少的装备。

（一）男士商务着装原则

1. 三色原则

三色原则是在国外经典商务礼仪规范中被强调的，国内著名的礼仪专家也多次强调过这一原则（图3-2-2），即要求男士的着装，衬衫、领带、腰带、鞋袜一般不应超过三种颜色。这是因为从视觉上讲，服装的色彩在三种以内较好搭配。一旦超过三种颜色，就会显得杂乱无章。例如，在西装左侧胸袋里插上袋饰手帕，其色彩最好与领带或衬衫颜色相近。

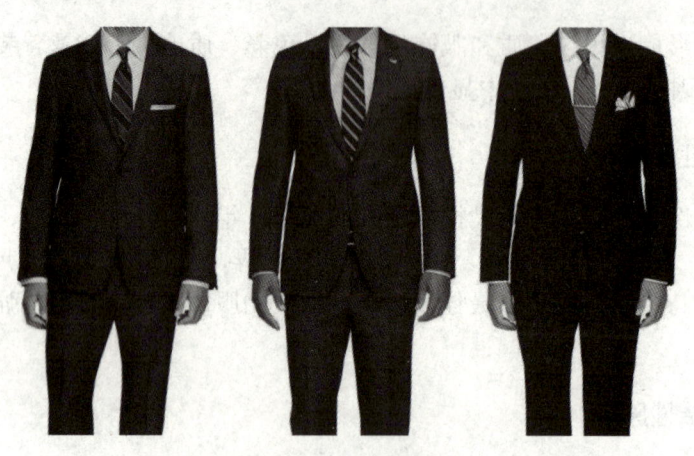

图 3-2-2　三色原则

2. 三一定律

三一定律是指男士穿着商务正装时，鞋子、腰带、公文包的色彩必须统一，以黑色为佳（图 3-2-3）。鞋子、腰带、公文包是白领男士身体上最为引人瞩目之处，因其色彩统一，有助于提升自己的品位。

图 3-2-3　三一定律

3. 有领原则

有领原则是指正装必须是有领的。无领的服装，如 T 恤、运动衫一类，不能称为正装。男士正装中的领通常体现为有领衬衫。

（二）男士西装的分类

1. "T"形或者"V"形（欧式风格）

欧式风格的西装具有强烈的男性造型特征，呈现三角形，肩部宽大，胸部饱满，翻领较大，多为双排扣设计，面料多为厚实的纯毛面料，衣身稍长，包住臀部（图 3-2-4）。这款西装适合五官大气，身材高大、魁梧的男性穿着。

图 3-2-4　欧式风格西装

2. "X"形（英式风格）

英式风格的西装肩型丰满，腰部略收，配合适当的放摆，合体的造型，时尚而浪漫，一般身后会有两个开叉，来配合男士潇洒的插兜动作，搭配合体的直筒裤（图 3-2-5）。这款西装适合前卫、时尚的弄潮儿或优雅浪漫的绅士穿着。

图 3-2-5　英式风格西装

3. "H"形（美式风格）

美国人崇尚随意休闲的生活方式，因此，美式风格的西装款式偏休闲（图 3-2-6）。出现在我国各类职场上的西装，多属于改良型瘦身的"H"形，它的裁剪线条比较符合男士的自然体态，肩部精巧，不强调垫肩，领口深度适中，一般为 2～3 粒单排扣。大多数人都适合这款西装，热爱运动休闲装的男士如果不习惯西装的约束，可根据场合需要穿着大一码的西装，一样会舒适潇洒而不失礼。

图 3-2-6　美式风格西装

（三）男士衬衫的选择

选择正式或礼服衬衫时，尤其要在意领子，它需要与不同的场合进行配合，才能显得得体、有品位（图 3-2-7）。领子是能突出一件衬衫特点的要素。

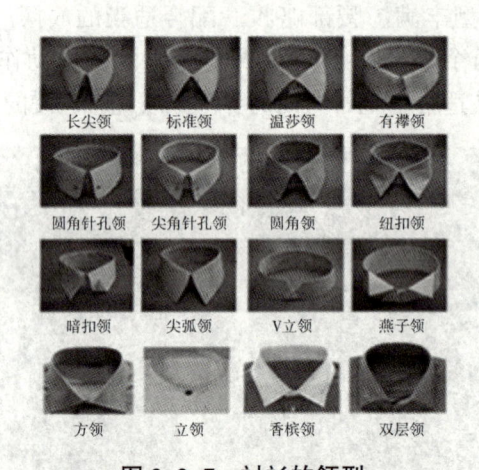

图 3-2-7　衬衫的领型

1. 标准领

长度和敞开的角度均不走"极端"的领子，泛称"标准领"。标准领的衬衫是礼服衬衫中最常见、最普通的款式，因而也最容易搭配，且不挑剔领带的图案。

2. 暗扣领

暗扣领是左右领尖上缝有提纽，领带从提纽上穿过，领部扣紧的衬衫领。与此相似的有用别领型的衬衫，领带结均应打得小些，领部才显得妥帖。

3. 异色领

异色领是指搭配一个白领子的素色或条纹衬衫，有的袖口也做成白色。领型多为标准领或敞角领。领尖形状颇多，通常为圆形。与佩兹利涡旋纹的印花领带十分般配。

4. 长尖领

长尖领的衬衫同标准领的衬衫相比，领尖较长，古典风格的礼服衬衫多为长尖领。通常为白色或素色，部分带简洁的线条，长尖领衬衫的领带挑选范围较广，稍稍艳丽的印花领带、古典型的条纹领带皆宜。

5. 纽扣领

纽扣领是领尖以纽扣固定于衣身的衬衫领，多以休闲为主。典型美国风格的衬衫多为纽扣领。原是运动衬衫，现在也作为礼服衬衫使用，领带以只绕一圈的细结为佳。

6. 敞角领

敞角领是指左右领子的角度在120°～180°的衣领，这一领型又称为"温莎领"。据说当年温莎公爵最喜爱这种领子。与此相配的领带领结称为"温莎领结"，领结宽阔，顾名思义，也是当年温莎公爵带头兴起的。但近年敞角领的衬衫流行与打得稍小的半温莎领结相配。

7. 圆角领

圆角领是一种比较时尚的领型，穿着时最好搭配一枚领针，这样显得更有气质。

（四）领带的佩戴

在西装文化中，领带可谓是其品位的一个重要体现（图3-2-8）。在领带的选择和搭配上不仅能体现其独特的审美追求，甚至还可以左右别人对其身份、地位的观感。

图 3-2-8　领带

1. 领带的选择

领带的选择可以从材质、花色、尺寸三个方面来挑选。

（1）材质。

1）真丝面料是正式商务场合的首选，面料厚实有光泽、柔和内敛、弹性足。真丝领带打出的领带结饱满立体有质感，就是不容易打理，价格通常较贵。

2）羊毛也是领带中比较常见的材质，具体也可分为纯羊毛和羊毛混纺。这类领带

47

的面料厚实，哑光色泽让佩戴者传递出低调、儒雅、有内涵的感觉，非常适合搭配秋冬的羊毛大衣、亚麻质地西装，或搭配格纹西装也是不错的选择。

3）针织领带有着凹凸不平的纹理，相当有质感，既能搭配正装，又能搭配休闲西装、针织衫或夹克。针织领带有弹性且普遍偏窄，以纯色、条纹为主，选择时要注意针织密度和织纹。虽然针织领带能与西装完美地搭配在一起，但是不太适合正式场合。

4）涤丝面料的领带颜色一般会比较亮、比较鲜艳，给人的视觉效果很好。但是从整体上看，没有质感并且缺乏稳重的效果，领带的自然垂坠感和光泽感欠佳。所谓的"南韩丝"就是涤丝，涤丝的价格比较便宜。

首先真丝面料的领带可以说是最好的选择，如果预算充足，尽量选择真丝材质。其次就是羊毛材质，也很适合正式场合，价格相较真丝更加亲民，质感也完全不输于真丝。而涤丝的领带垂坠感和光泽感都较差，尽量避免选择。针织领带更加适合休闲场合，是时尚人士的必备。

（2）花色。作为男士着装的重要配件，不同色系的领带会给人不同的印象，也能够塑造不同的风格。暖色系领带传递温暖、热情；冷色系给人冷静、睿智的印象；明亮色系传递青春、阳光、活泼；深色系给人庄重、沉稳、大气的感觉。对于搭配新手来说，可以准备深色、浅色领带各一条以应对各种不同深浅色系的西装和衬衫。不妨尝试西装、衬衫、领带同一色系的搭配，既简单又保险。有搭配经验的朋友可以尝试撞色搭配，西装、衬衫、领带色彩搭配一定要遵循深浅深、深中浅、浅中浅三个原则。

在正式场合，尤其是商务场合，深蓝、灰色、棕色、墨绿、黑色、紫红、绛紫、酒红等深色系领带是安全的选择；休闲场合可以选择橙、黄等明亮、欢快的颜色；出席婚礼、剪彩等仪式，适合暖色系；而一些庄重、肃穆的场合要以深色为主。领带的正式程度依次为纯色领带→条纹领带→波点领带→几何图案领带。

领带的常见花纹有条纹、小人字纹、格纹、波点、碎花，以及不规则图案。条纹领带给人成熟、稳重、理性的感觉，非常适合正式商务环境中佩戴。直条纹西装或衬衫应避免使用垂直纹或横纹的领带。精致小人字纹领带搭配面料细腻、做工精良的西装，显得穿着者更优雅、绅士、严谨，非常适合搭配时尚类型的西装使用。波点和碎花领带适合搭配纯色、深色西装，对于40岁以上的中年人有非常好的减龄效果，能赋予穿着者活泼、亲切的感觉。

（3）尺寸。通常，领带的标准长度是55英寸或56英寸，大概是130～150 cm。其实这里应该注意的长度不仅是领带本身的长度，更要注意的是佩戴时的长度。领带系得太长或太短，除会影响穿着效果外，还会从视觉上改变身材比例。如果领带过短，下尖会直指腹部，凸显大肚子。而如果领带过长，就会搭到腰带的下面，这样会显得身材比例很糟糕，从视觉上就会显矮。所以领带打完后，领带的下尖最好要落在皮带扣上。

领带的宽窄款式与时尚度息息相关，宽版领带较为正式，窄版领带更为时髦。宽版领带是到20世纪80年代后开始流行的，但是其不够飘逸，而且会把西装的倒三角领口堵得很满，视觉上不透气。而窄版领带就时髦多了，对于场合的限制也很小。选择领带还要考虑身材，体型壮硕的男士适合宽驳头西装，搭配宽版领带，领带的大剑宽应保持在 8～11 cm，既能呼应身材，又显得沉稳成熟。而体型瘦削的男士适合窄驳头西装，搭配窄版领带，领带的大剑宽应保持在 5～7 cm，凸显时尚简约、休闲有活力。窄版领带通常适合轻松的时尚聚会、日常休闲场合。

2. 领带的打法

领带是男士体现品位、气质的、职位、身份、经济能力最重要的服装配饰，如何打领带、怎样打领带才能体现男性优雅的气质呢？现在普遍使用也是基本的打领带方法有东方结、温莎结、四手结、半温莎结、亚伯特王子结、开尔文结、普瑞特结、维多利亚结等。

（1）温莎结（图 3-2-9）：因温莎公爵而得名的领带结，是最正统的领系法，成熟严谨。打出的结呈正三角形，饱满有力，适合搭配宽领衬衫，用于出席商务和政治等正式场合。

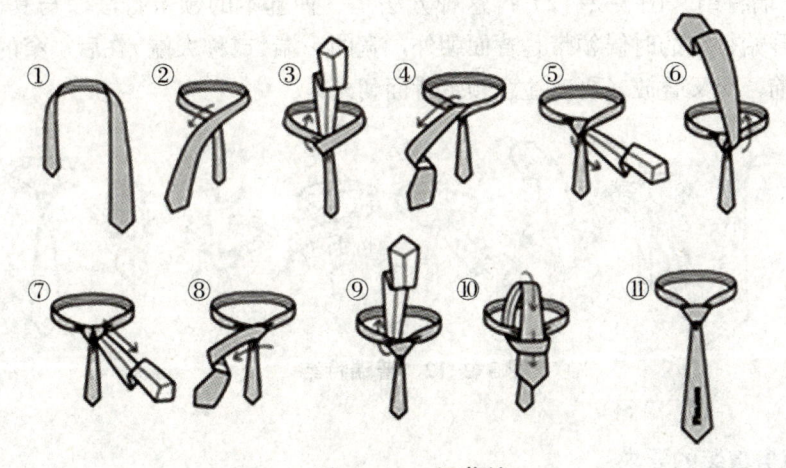

图 3-2-9 温莎结

需要注意的是，切勿使用面料过厚的领带来打温莎结，因为温莎结是一个形状对称、尺寸较大的领带结，它适合宽衣领衬衫。温莎结的缺点是不适合搭配狭窄衣领的衬衫。如果使用厚的领带，打出来的温莎结将会太大。

（2）四手结（单结）（图 3-2-10）：这种方法是所有领结中最容易上手的，适用于各种款式的衬衫及领带。给人为人率直、充满男性的活力与热诚之感。

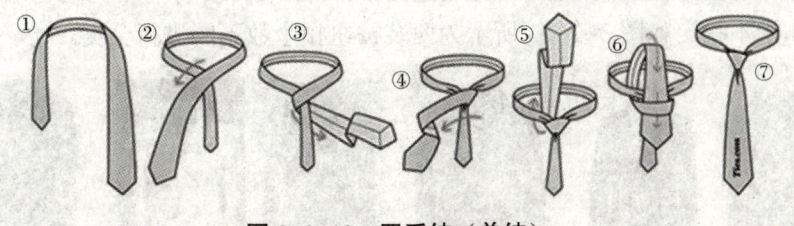

图 3-2-10 四手结（单结）

(3) 半温莎结（十字结）（图3-2-11）：这种方法是温莎结的改良版，较温莎结更为便捷，适合较细的领带及搭配小尖领与标准领的衬衫，但同样不适用于质地厚的领带。

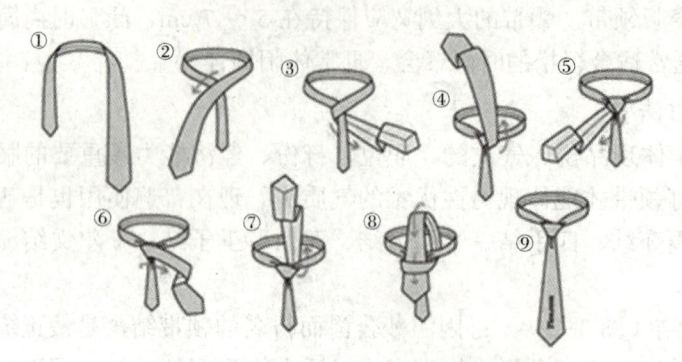

图3-2-11　半温莎结（十字结）

(4) 普瑞特结（图3-2-12）：这种方法是一种基本的领带打法，与其他基本打法不同的是开始打结的时候领带是背面朝外，宽的一端（或称大端）在后，窄的一端（或称小端）在前，交叉叠放（再次注意领带背面朝外）。

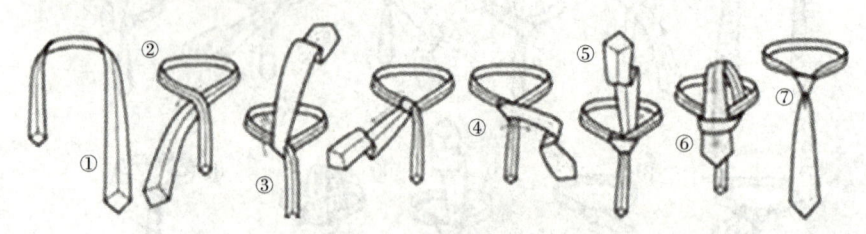

图3-2-12　普瑞特结

（五）商务着装的要求

1. 纽扣的扣法

穿西装时，上衣、背心的纽扣，都有一定的扣法，其中，上衣纽扣的扣法讲究最多。常见的西装有单粒扣、两粒扣、三粒扣和双排扣，男士西装讲究坐时解，站时扣。单粒扣西装的唯一一颗扣子可扣可不扣；双粒扣西装一般要扣上面那颗扣子，下面那颗最好不扣；三粒扣西装可以只扣中间那颗，也可以扣上面两颗，最好不要全扣；双排扣西装一般需要全部扣上，显示庄重正式。如果西装有马甲，马甲扣子全部扣上，外套扣子不扣。如图3-2-13所示为西装按纽扣个数不同进行分类。

图3-2-13　西装按纽扣个数不同进行分类

2. 西装的口袋

西装讲求以直线为美，穿西装尤其强调平整、挺括的外观，讲究线条轮廓清楚，服帖合身。

上衣口袋只作装饰，必要时可装折好花式的真丝手帕（图3-2-14），不可以用来装其他任何东西，尤其不应别钢笔、挂眼镜。西装左侧内衣袋，可以装票夹、小日记本、笔。右侧内衣袋，可以装名片、香烟、打火机等。西装外侧口袋很大而且在中下部，用来放松、软、薄的物品，但一般不建议放，避免出现鼓囊而破坏西装整体的和谐性，这也是很多品牌在两侧大袋的袋口处都会被牵缝的原因，为了保持西装不变形、整体平顺。

图3-2-14　西装口袋手帕叠法

西裤两侧口袋可以放置一些简单的随身物品，同样不能放太多东西，有些西裤也会特地设计放置手表的口袋。切忌装大件，小物件也不要放太多，会让整体形象显得不够干练和精致。西裤后侧口袋，一般情况下，右侧口袋放手帕，左侧口袋放钱包或记事本，但尽量不要放任何东西。

3. 西装的商标

在西装的袖口处，通常会缝有一块商标，在正式穿西装之前，需要将商标摘除。有人认为，袖口上的商标是体现西装价值的标志，这是非常错误的想法，西装价值的体现在于优良的面料与良好的做工，若不剪掉西装袖口的商标，就会让人有一种想炫耀西装品牌的错觉，这是很不礼貌的。

4. 衬衫与西装的搭配

衬衫面料应选择高织精纺的纯棉、纯毛面料，或以棉、毛为主要成分的混纺面料。颜色方面进行单一色选择，白色为首选，无图案最佳，以方领为宜。要合体，系上最上面的一粒纽扣，能伸进去一个到两个手指即合体。衬衫领子应露在西装领子外

1.5 cm 左右，抬起手臂时，衬衫袖口也应露出西装袖口外 1.5 cm 左右，以保护西装的清洁（图 3-2-15）。衬衫的下摆一定要塞到裤腰里。

图 3-2-15　衬衫袖口的细节

5. 西裤要平整

西裤讲究线条美，所以西裤必须有中折线；长度以前面能盖住脚背，后面能遮住 1 cm 以上的鞋帮为宜；不能随意将西裤裤管挽起来；想要穿出西裤该有的精干和洒脱，半褶、1/4 褶和无褶的长度比较好，当然，对于喜欢裤脚稍微收一点的年轻人来说，无褶是最好的。如图 3-2-16 所示为西裤的最佳长度。

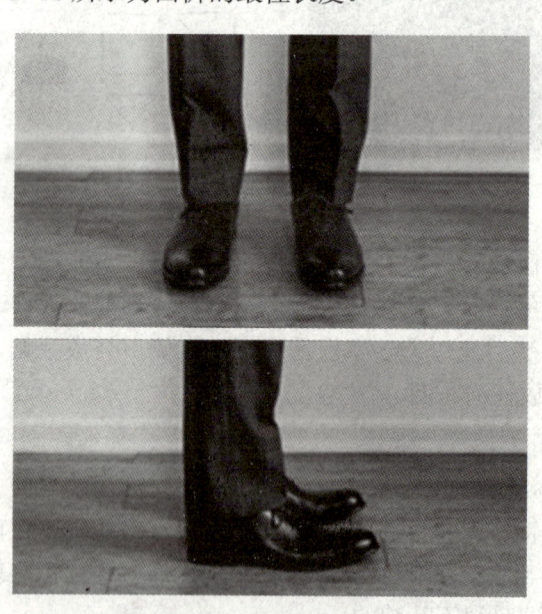

图 3-2-16　西裤的最佳长度

6. 鞋与袜的细节

鞋与袜是决不可忽视的细节。袜子最好选择纯棉、纯毛制品。颜色最好选择与西裤、皮鞋颜色相同或较深的袜子，一般为黑色、深蓝、藏青。长度最好选择长至小腿中部的中长袜,以免就座时露出腿部皮肤使人感觉不雅。

男士皮鞋以深色为主,优先选择黑色、棕色等。黑色系带皮鞋在搭配西装时最常用。皮鞋、腰带、公文包颜色要遵循"三一定律",同时保持鞋内无味、鞋面无尘、鞋底无泥、鞋垫相宜、尺码适当。正式西装不应搭配休闲鞋,浅色的皮鞋只能搭配浅色的休闲西服(图 3-2-17)。

图 3-2-17 皮鞋与西装的颜色搭配

7. 领带的搭配

领带是男士服装的灵魂。领带打好后,站立时,领带下尖正好抵达皮带扣。领带结的大小应与衬衫领口敞开的角度相配合。当打上领带时,衬衫的领口和袖口都应该系上,如果取下领带,领口的纽扣一定要解开。领带夹应放置在衬衫自上而下的第四粒至第五粒纽扣之间。如图 3-2-18 所示为正确佩戴领带。

图 3-2-18 正确佩戴领带

三、女士商务着装

(一)女士商务职业装

职业装是为工作需要而特制的服装。女士职业装比男士职业装更具个性,女士的职业着装既有必须遵守的基本规则,同时,又有一定的灵活性,个人可以在基本规则的约束下,选择适合自己的着装搭配(图 3-2-19)。

图 3-2-19　职业装

女士职业装的款式主要以西装套装、套裙、连衣裙最为常见。

西装套装是西服和西裤的搭配(图 3-2-20),使女士显得过于沉闷严肃。近年来女士的职业装也呈现出多元化,流行的阔腿裤和微喇裤也是近两年职业女士搭配很好的选择,阔腿裤和微喇裤最大的好处就是显腿长,搭配干练知性的衬衫和外套,这样的搭配不同于男士,让女士的柔美和干练相结合,更加凸显女士的柔美。

图 3-2-20　女士西装套装

所有适合职业女士在正式场合穿着的职业装裙式服装中，套裙是首选。套裙是西装套裙的简称，上身是女式西装上衣，下身是半截式裙子。套裙可分为两种基本类型（图3-2-21）：一种是女式西装上衣和裙子成套制作而成的"成套型"；另一种是用女式西装上衣和随便的一条裙子进行自由搭配组合成的"随意型"。

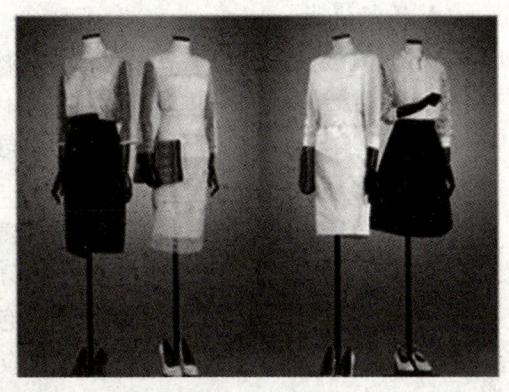

图3-2-21 "成套型"套装与"随意型"套装

正式场合穿着的套裙，上衣和裙子应采用同一质地、同一色彩的素色面料。上衣最短可以齐腰，袖长要盖住手腕，注重平整、挺括、贴身，较少使用饰物和花边进行点缀。裙子要以窄裙为主，并且裙长要到膝或过膝。一般认为裙短不雅，裙长无神。最理想的裙长，是裙子的下摆恰好抵达小腿肚子最丰满的地方。

（二）女士职业装穿搭原则

穿着正装要具有整体性，重点需要注意两方面：一方面要遵守服装本身约定俗成的搭配；另一方面要使服装各个部分相互适应，局部服从于整体，力求展现着装的整体之美，全局之美。

1. 了解企业文化

职业女性着装一定要先了解企业文化的内涵和职位，使自己的着装与企业的文化背景相协调，与自己的职位相符合。一般来讲，在办公室里穿得稍微保守一些是比较好的，在特殊的场合，也需要按照职业工作和职业需求穿着。

2. 大小适度

套裙中的上衣最短可以齐腰，裙子最长可以达到小腿中部。袖长以盖住着装者的手腕为宜。无论上衣和裙子，都不可过于肥大或过于紧身。正式商务场合不宜穿超短裙、牛仔裙、皮裙、吊带裙。上衣的纽扣必须全部系上，不要将其部分或全部解开。

3. 色调稳重

女士套裙应当以冷色调为主，借以体现出着装者的典雅、端庄与稳重。一般来讲，中性色是职业装的基本色调，如白色、黑色、米色、灰色、藏蓝色、驼色等颜色最为适宜。春季可选用较深的中性色，夏季可选用较浅的中性色。根据不同场合、不同时间，选择不同色彩与之搭配。

着装需要考虑年龄、体型、气质、职业等特点。年纪较大或较胖的女性可穿一般款式，颜色可略深些；肤色较深的人不适宜穿着蓝色、绿色或黑色，可搭配不同颜色的衬衫、丝巾、胸针等稍加点缀。

4. 搭配得当

（1）佩戴首饰应与季节相吻合。春秋季节可选戴耳环、别针；夏季可选择项链、手链和手镯；冬季则不宜佩戴太多饰品，因为冬季衣服比较臃肿，饰品过多反而不佳。季节不同，选择饰品的颜色也要有所不同，金色、深色首饰适合冬季佩戴，银色、艳色首饰则适合夏季佩戴。

（2）与套裙配套的衬衫，面料要轻薄柔软，色彩应雅致端庄，以单色为宜。衬衫的色彩与所穿套裙的色彩要互相搭配，形成深浅对比，或外深内浅，或外浅内深。

（3）与套裙配套的鞋子以黑色或棕色皮鞋为佳，袜子以肉色、浅棕色、浅灰色的尼龙丝袜或羊毛袜为宜。女性销售人员应该随身带一双备用丝袜，以便当丝袜被弄脏或破损时可以及时更换，避免尴尬。

（4）宽臀的女性应该确保上衣可以遮住臀部，以显得苗条一些；臂部窄的女性不可穿短上衣；长外套适合腿型修长的高个女性。

（5）应配以精致的妆容，但不能化浓妆，以展示出女性的不同气质。

（三）合理搭配职业装配衬

根据套装的颜色来选择配衬可以起到画龙点睛的作用。

1. 衬衫

衬衫的款式和衣领也因人而异、灵活多变，衬衫的颜色可以是多种多样的，但要与套装相匹配，白色、黄白色和米色为百搭色。白衬衫因高雅、清晰而成为最常用的衬衫。白衬衫的魅力在于其以不变应万变，任何颜色、任何款式均能与之搭配协调。面料选择上以丝绸面料最佳，纯棉容易出褶皱，需要保证熨烫整齐。

2. 袜子

女士穿裙子应当配长筒丝袜或连裤袜，颜色以肉色、黑色最为常用，注意袜子整齐，不可以穿带图案或颜色鲜艳的袜子。建议应随身携带一双备用的丝袜，以防袜子拉丝或跳丝。

3. 鞋子

传统的皮鞋是最畅销的职业用鞋。它们穿着舒适，美观大方。建议鞋跟高度以 3～4 cm 为主。正式的场合不要穿凉鞋、后跟用带系住的女鞋或露脚趾的鞋。鞋的颜色应与衣服下摆一致或再深一些，穿衣时要注意避免，如图 3-2-22 所示为女士着装禁忌。

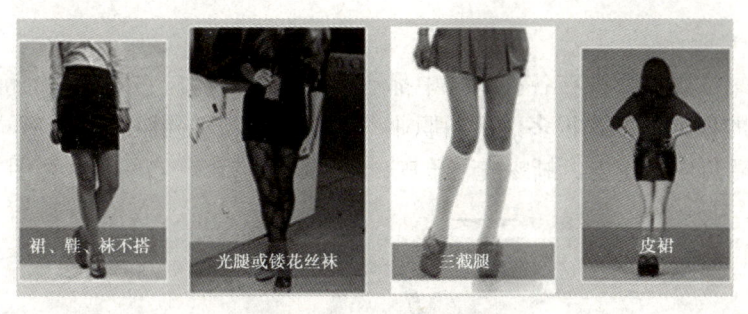

图 3-2-22　女士着装禁忌

四、配饰的选择

配饰是指人们在着装时所选用、佩戴的装饰性物品，能够起到画龙点睛的作用，恰到好处者方为美。配饰的选择不在于昂贵和数量，而在于人与人的整体形象是否和谐相配。一般女性配饰有腰带、围巾、帽子、皮包、戒指、耳环、项链、手镯、发夹、胸花等；男性配饰有领带、领带夹、皮包、围巾、手表、眼镜、手绢、戒指等。配饰是一种无声的语言，可以借以表达使用者的知识、教养和艺术品位，可以从侧面了解使用者的地位、身份、财务和状态等信息。

（一）配饰搭配的原则

（1）符合身份。配饰的选择要与服装相协调、与形体相貌相协调、与环境相协调。上班时少戴首饰为好，可选择淡雅简朴的胸针、耳环、项链等。

（2）以少为宜。佩戴首饰要少而精，一般以不超过三种为佳，不然会反添累赘。

（3）同质同色。若想佩戴几样首饰，应该保证颜色、外形、风格要协调起来，使主色调保持一致，避免眼花缭乱的现象发生。

（4）符合习俗。特殊的标识慎重佩戴，如十字架形的挂件在国际交往中不宜佩戴。

（二）不同配饰的搭配

1. 帽子

根据不同款式、色彩和脸型、肤色来选择帽子。如图 3-2-23 为女士帽子。

图 3-2-23　女士帽子

2. 皮包

皮包是每位职业女性在各种场合中都不可缺少的饰物，它既有装饰价值，又有实用价值。包的种类、款式很多，不同职业、不同场合、不同服装选用不同的皮包。皮包的质地有鳄鱼皮、蛇皮、蜥蜴皮、羊皮、牛皮、人造革、布料等。如图 3-2-24 所示为女士皮包。

图 3-2-24　女士皮包

3. 项链

就项链的选择而言，价格并不是主要的因素，无论是什么样的款式，与年龄、肤色、服装的搭配协调才是主要的。一般来讲，以选择质地上乘、工艺精细的金、白金的项链为佳。如图 3-2-25 所示为简约款项链。

图 3-2-25　简约款项链

4. 耳饰

耳饰从结构上大体可分为插钉型和耳钳型；从款式上可分为耳钉型和耳坠型；从造型上有圆环形、方形、三角形、不规则几何形等各式各样，千变万化。耳饰的佩戴艺术，其真谛在于其能够与周围环境、个人气质、脸型、发型、着装等结合为一体，从而达到最美好的饰美效果。职业女性可佩戴简洁的耳饰搭配套装，最好选择精致、小巧的耳环，形状以心形、水滴形、椭圆形、花形为主，既具女性美，又显端庄稳重。如图 3-2-26 所示为简约款耳饰。

图 3-2-26 简约款耳饰

5. 戒指

戒指应与指形相搭配（图 3-2-27）。手指短小，应选用镶有单粒宝石的戒指，如橄榄形、梨形和椭圆形的戒指，指环不宜过宽，这样才能使手指看起来较为修长。手指纤细，宜选用阔的戒指，如长方形的单粒宝石，会使玉指显得更加纤细圆润。手指丰满且指甲较长，可选用圆形、梨形或心形的宝石戒指，也可选用大胆创新的几何图形。

图 3-2-27 戒指

戒指也应与体型肤色相搭配：身体苗条、皮肤细腻者，宜佩戴嵌有深色宝石、戒指圈较窄的戒指；身材偏胖、皮肤偏黑者，宜佩戴嵌有透明度好的浅色宝石、戒指圈较宽的戒指。

6. 胸针

胸针是不可或缺的配饰，无论是艳丽的花朵胸针还是闪烁的彩石胸针，只要花点心思搭配在简洁的服饰上，就足以令人一见难忘（图 3-2-28）。

图 3-2-28　胸针

7. 手表

一个真正有品位的人出席每个场合，都会精心挑选适合该场合的手表，因为它不仅象征了主人的地位，更显示出主人的品位（图 3-2-29）。选择与服装相搭配的手表，不仅能显现手表本身的华丽和服装的秀气，更能增加人的自信与气质。与商务着装相搭配的手表称为正装表。正装表一般款式经典、材质高贵，常常是优雅的圆表或精巧的方表，上等的皮革表带（黑色或棕色），表壳材质是贵金属，而且正装表必须控制在 36～39 mm。

图 3-2-29　手表

8. 丝巾

一条新颖脱俗的丝巾会为女性平添几分妩媚和风采。从美学的观念讲，主要是根据服装的花色和风格来选择。欲求文静雅致，则丝巾与服装取同一色系，如服装若为鹅黄色，则丝巾宜用咖啡色；若表现热情奔放，则宜采用对比色，如藏青色套裙搭配鲜红色丝巾。丝巾还应与肤色相映才成其美，如肤色较黑，选择乳白色、粉色丝巾会显得妩媚；若肤色白皙，选择棕色或蓝色丝巾会显得端庄文雅。常见的丝巾系法有平结、玫瑰结、牛仔结、宝石结等方法（图 3-2-30～图 3-2-33）。

图 3-2-30　丝巾的平结系法 　　　图 3-2-31　丝巾的玫瑰结系法

图 3-2-32　丝巾的牛仔结系法 　　图 3-2-33　丝巾的宝石结系法

9. 香水

"适宜少量"是使用香水的原则（图 3-2-34）。香水应喷于不易出汗、脉搏跳动明显的部位，如耳后、脖子、手腕及膝后。使用香水时不要一次喷得过多，少量而多处喷洒效果最佳。不要把香水喷于浅色的衣物上，以免留下污渍。沐浴后身体湿气较重时，将香水喷于身上，香味会释放得更明显。若想制造似有似无的香气，可将香水先喷于空气中，然后在充满香水的空气中旋转一圈，令香水均匀地落于身上。

图 3-2-34　香水

任务实施

专业		班级	
姓名		小组成员	

任务描述

玩转领结志趣

将班级同学按照每组 8 人进行分组。小组成员分工协作，用领带打出符合要求的四手结（单结）、温莎结、半温莎结、普瑞特结；用丝巾打出平结、玫瑰结、牛仔结、宝石结。

通过教师评分，学生自评互评，选定最好的作品，制作"玩转领结志趣"微视频，上传网络平台，鼓励同学们运用所学知识进行技能普及

实训目标

知识目标	能力目标	素养目标
1. 了解商务着装的原则； 2. 了解男士商务着装技巧； 3. 了解女士商务着装技巧； 4. 了解配饰的搭配原则	1. 学会四手结（单结）、温莎结、半温莎结、普瑞特结四种领带结扣的打法； 2. 学会平结、玫瑰结、牛仔结、宝石结四种丝巾结扣的打法	1. 有一定的审美能力； 2. 能够搭配符合职业岗位要求的职业着装

实施过程

一、领带
1. 四手结（单结）

2. 温莎结

3. 半温莎结

4. 普瑞特结

二、丝巾
1. 平结

2. 玫瑰结

3. 牛仔结

4. 宝石结

续表

考核评分

考核任务	考核内容	考核标准	配分	得分
领带（60分）	四手结（单结）	程序、平整度、长度、速度	15	
	温莎结	程序、平整度、长度、速度	15	
	半温莎结	程序、平整度、长度、速度	15	
	普瑞特结	程序、平整度、长度、速度	15	
丝巾（40分）	平结	程序、平整度、长度、速度	10	
	玫瑰结	程序、平整度、长度、速度	10	
	牛仔结	程序、平整度、长度、速度	10	
	宝石结	程序、平整度、长度、速度	10	

个人成绩：

评价

自我评价	小组评价	教师评价

知识拓展

礼服

礼服也叫作社交服，是参加晚宴、婚礼、祭礼等郑重或隆重仪式时所穿着的服饰。

一、男士礼服

男士礼服的种类有燕尾服（图3-2-35）、晨礼服、平口式礼服、西装礼服、韩版礼服等。

（1）燕尾服是最常见的礼服款式，后摆拉长，可显现出修长的双腿，并有收缩腰身的效果。燕尾服是正式礼服的一种，在晚间穿着。燕尾款式的礼服除要搭配背心外，也可以搭配胸巾和领巾，以增加正式

图 3-2-35　燕尾服

华丽感。

（2）晨礼服又称为英国绅士礼服，是礼服最为正式的一种。晨礼服的特色是外套剪裁为优雅的流线型，充满了贵族感。因此，较适合有书卷气或是整体不错的新郎穿着。晨礼服的正式穿法为外套、衬衣、长裤，搭配背心、领结。

（3）平口式礼服也称为王子式礼服，单排扣和双排扣都可以，它不及燕尾服与晨礼服正式，可用于婚宴派对。平口式礼服的特色是剪裁设计较类似于西装，适合较为瘦高的新郎穿着。平口式礼服的正式穿法是外套、衬衣、长裤，搭配领结、腰封。

（4）西装礼服，普通西装并不能用于正式场合，尤其是在自己的婚礼上，穿礼服才显得隆重。如果将西服的戗驳领用缎面制成，成为西装礼服，搭配领结和腰封（或者背心），衬衫再选择胸前打褶皱设计的礼服衬衣，也可以出席隆重场合。西装礼服也可以是一种现代的改良礼服。西装礼服的正式穿法为外套、衬衣、长裤，搭配背心、领带。

（5）韩版礼服是专为亚洲人所设计的一种礼服，亚洲人相比欧洲人，体型较小。韩版礼服在胸、腰、袖、裤上做了一点修饰，韩版礼服比较适合体型瘦小的人穿着，很多人会有一种误区，收身就是韩版，其实收身最早出现在欧版礼服中。韩版礼服的正式穿法为外套、衬衫、长裤，搭配背心、领带。

二、女士礼服

女士礼服是指出席正式社交场合所穿着的服装。女士礼服与男士礼服相比，无论从风格造型、色彩装饰还是面料配饰上都更为丰富多彩。

我国传统的女士礼服是旗袍，被誉为中国国粹和女性国服，是中国悠久的服饰文化中最绚烂的现象和形式之一（图3-2-36）。古典旗袍大多采用平直的线条，衣身宽松，立领盘纽，侧摆开衩，单片衣料，胸腰围度与衣裙的尺寸比例较为接近。近代旗袍进入了立体造型时代，腰部更为合体并搭配西式的装袖，旗袍的衣长、袖长大大缩短，腰身也越为合体。

图 3-2-36　旗袍

西式女士礼服种类较多，一般要根据时间、地点和环境等综合因素而定，大致可分为日礼服、晚礼服和婚礼服等。

（1）日礼服是白天出席社交活动时的正规穿着（图3-2-37），如开幕式、宴会、婚礼、游园、正式拜访等场合穿用的礼服。它不像晚礼服那样规范严谨，显得更为随便、活泼、浪漫，以表现穿着者良好的风度为目的。日礼服通常表现出优雅、端庄和含蓄的特点，多采用毛、棉、麻、丝绸或有丝绸感的面料。

图3-2-37 日礼服

（2）晚礼服也叫作夜礼服或晚装（图3-2-38），是晚间在礼节性活动中穿着的正式礼服，也是女士礼服中档次最高、最具特色并能充分展示个性的穿着样式。晚礼服的形式有两种：一种是传统的晚装，形式多为低胸、露肩、露背、收腰和贴身的长裙，适合在高档的宴会、具有安全感的场合穿用；另一种是现代的晚礼服，讲求样式及色彩的变化，具有大胆创新的时代感。

图3-2-38 晚礼服

（3）结婚嫁娶是人一生中的重大事情，为了显示其特殊意义，表达结婚者及其亲朋好友的欢快与祝福的心声，人们往往要举办隆重热烈的仪式以示庆贺。在整个婚礼的仪式中，婚礼服是必不可少的着装，通过其优雅的面料、样式及精致的做工，反映出结婚者炽热纯真的恋情和对未来美好生活的憧憬，体现了婚礼仪式的规模程度。婚礼服根据款式的风格，可分为西式婚礼服（图3-2-39）与中式婚礼服（图3-2-40）。

图 3-2-39　西式婚礼服　　　　　图 3-2-40　中式婚礼服

任务三　民航职业着装

新知导入

视频：民航职业着装技巧

一、中国民航职业制服演变史

文化自信是一个国家、一个民族及一个政党对自身文化价值的充分肯定和积极践行，并对其文化的生命力持有的坚定信心。服饰是展现一个国家和民族文化的窗口，服饰设计是民族精神与思想的外在体现，更是社会制度的表征，还是文化自信度的一种外在的表达方式。

民航职业制服具有文化传播与表达文化自信的功能与价值。在职业制服的设计中应融入传统民族文化，包容多元外来文化，并全面开放地打造职业制服品牌的高端化与时尚化。在民航工作岗位培训中注重着装形式化与文化内化的有机统一，使民航职业制服成为彰显民族文化软实力，建构民族文化自信的最直接、最有效的载体与窗口。现今，各航空公司对自己的制服都给予了高度的重视，名师设计，既突出潮流特征，又体现自身独特风格，同时兼顾民族文化内涵。

（一）民航职业制服演变史

1955 年 11 月，中国民航有了自己的第一批空中乘务员，这 18 名年轻的女孩子就是新中国第一代空姐（图 3-3-1）。当时，她们的制服有着浓郁的苏式军服特色（图 3-3-2）。

图 3-3-1　中国第一代空姐　　图 3-3-2　空姐身穿套装的老照片

20 世纪 60 年代末，空乘制服与当时社会上其他女性穿着的服装没有什么区别，浅灰色方领上衣，蓝色裤子。

20 世纪 70 年代，空乘人员穿着的是一套天蓝色制服，翻领、单排铜扣的上衣和一条长裤。整套衣服显得很肥大。

20 世纪 70 年代末 80 年代初，空乘人员身穿深蓝色单排扣西式上衣，裤管肥肥的长裤被称为"筒裤"，是当时最常见的长裤样式。

20 世纪 80 年代末，中国国际航空公司组建，1988 年 7 月 1 日，国际航空的空姐穿上了皮尔·卡丹设计的"宝石蓝"制服，包括无领上衣、套裙和长裤，条纹图案的衬衫领口，还系有一条领巾，头上的小圆帽显得十分优雅（图 3-3-3）。这是新中国民航历史上第一套真正意义的空姐职业装。随后，我国各个航空公司的空乘人员都换上了本公司的空乘职业服装。

图 3-3-3　皮尔·卡丹设计的"宝石蓝"制服

20 世纪 90 年代，中国民航进入高速发展期，各地的民航管理局实现了政企分开，民航走上了科学管理的道路。民航职业制服在面料和款式上都有了很大的变化。各航空公司纷纷找名师设计，不仅制服有了一年四季的区分，就连飞行包、领带都有了"革命性"的变化。1993 年，南航成立，广州的空乘人员也有了第一套代表公司的制服。

2003年1月1日，中国国际航空空乘人员正式换上了法国著名时装设计师拉比杜斯设计的新服装。这次中国国际航空空乘人员换上的服装分为两套，一套为蓝色，另一套为中国红色（图3-3-4）。

图3-3-4　国航制服

（二）海南航空职业制服演变史

海南航空自1993年成立以来，其空乘制服经历了五代变革，从第一代制服起就大打民族特色品牌，如今海南航空的空乘制服更是走上了融合民族特色、时尚元素的国际高定之路。

（1）第一代制服（1993—1995年）（图3-3-5）。1993年成立的海南航空，其员工制服始终都极具特色。海南航空的第一代制服是现在也丝毫不过时的西装搭配百褶裙，艳丽的色彩里带着逼人的青春气息。

图3-3-5　海南航空第一代制服

（2）第二代制服（1995—2000年）（图3-3-6）。海南航空的第二代夏装制服更进一步地使用了海南民族特色，采用了全新设计的筒裙。筒裙是黎族妇女非常喜欢的一种民族服装，裙桶、裙角一样宽窄，无折、无缝，形似布筒，因此得名。海南航空的这一套筒裙制服带有鲜明的民族特色和寓意，使用了黎族筒裙中常见的蓝白底色，用白色代表白云，蓝色代表蓝天、大海。而海南航空的冬装制服则采用了当年流行的英国特工范儿，采用了当时极为流行的短装上衣和及踝长裙。这一套带着满满时尚元素的冬装，既突出了空乘人员的柔美线条，又彰显了年轻的海南航空人的英气勃发。

图 3-3-6　海南航空第二代制服

（3）第三代制服（2000—2010 年）（图 3-3-7）。2000 年，海南航空推出了其历史上使用时间最长的一套经典制服。而且这一次推出也是大手笔，以此推出了五套制服，包括两套冬装、一套夏装及两套旗袍。这一次换装可谓是海南航空制服革新历程中承上启下的一次，既有对标其他航空公司的夏装，也有极为经典的民族服饰，以及直至今日在重大活动中还会使用的旗袍制服。尤其值得一提的是海南航空这一套民族风格浓郁的夏装制服，该制服以蓝色为底色，胸前带有缤纷的牡丹对襟，两列花环犹如从脖颈处倾泻而下。显眼的花环及海南航空空乘如花的笑靥，成就了这一套海南航空历史上最为经典的一套制服。

图 3-3-7　海南航空第三代制服

（4）第四代制服（2010—2016 年）（图 3-3-8）。海南航空的第四代夏装制服被称为"海航灰"。这一次换装也被作为是海南航空制服同国际接轨的开始。海南航空的第四代冬装制服则被称为"高贵紫"，在彰显了空乘人员曼妙身段的同时，高贵冷艳的紫色也充分显示了海南航空空乘人员的高端和大气。

图 3-3-8　海南航空第四代制服

（5）第五代制服（2017年7月4日至今）（图3-3-9）。海南航空的第五代制服"海天祥云"由国际知名设计师劳伦斯·许担任设计，制服用中国国服旗袍形状做底，领口为祥云漫天，下摆为江涯海水，以"彩云满天"为基。"海天祥云"新制服将古典东方的设计元素与西化的立体剪裁相结合，在展现东方之美品牌形象的同时，赋予了新的活力与时尚。

图3-3-9　海南航空第五代制服

二、民航职业制服着装规范

民航服务人员的职业制服及配件是其进行工作任务时所规定的着装。无论是空勤人员还是地面服务人员都有责任妥善保管相关工作证件、职业制服及配件。穿着者在任何情况下都应根据公司的规定和政策，尊重制服，确保其干净整洁和保存良好。未经公司许可，不得将个人制服及配件给予或出售给他人。

空乘人员作为高水准、高素质的服务行业的形象代表，统一规范的制服是其职业形象中最基本的要素之一（图3-3-10）。统一的制服不仅能展现航空公司的风格，同时，还使旅客对空乘人员专业的服务技能产生信赖感和安全感。航空公司的制服风格往往直接表现出一家企业的文化与服务水准。空乘制服在一定程度上，已经成为航空公司服务的重要竞争力。

图3-3-10　统一着装

1. 制服着装原则

(1) 合身得体。制服的尺寸必须符合空乘人员的身材特点。空乘人员必须充分了解自己身材的优势和特点，利用工作制服的款式、色彩装扮自己，扬长避短，达到美化自我的效果。

(2) 干净整洁。空乘人员的制服应保持干净整洁，定期进行换洗。制服干净整洁体现的是对工作岗位的尊重与热爱，是服务行业人员最基本的要求。空乘人员的制服要求无异色、无异味、无异物，尤其是衣领口与袖口等外露部分更要注意保持干净整洁。一位对自己制服是否干净都不在乎的空乘人员，一定不会热情地为乘客服务，也一定不是一位合格的空乘人员。

(3) 熨烫挺括。空乘人员穿着制服必须是熨烫过或没有褶皱的制服。制服清洗后应熨烫平整，穿着制服时，注意自己的动作幅度，不乱坐乱靠，穿过之后应用衣架挂好或叠放整齐，存放过程中留意保持制服平整。

(4) 完整规范。空乘人员穿着制服应保持完整，避免制服出现破损、开线和缺失纽扣等现象。空乘人员在工作时必须全过程统一穿着制服，并按照《民航乘务员职业技能鉴定指南》中对空乘人员的着装要求穿着制服。

(5) 注意场合。客舱乘务员应仅在工作值勤期间穿着制服，不应穿着制服乘坐公共交通工具或进行私人活动。

2. 制服着装要求

(1) 衬衫。衬衫一般可分为长袖、短袖两款，穿着衬衫时必须穿着马甲。衬衫应清洗干净，熨烫平整。穿着时应系好所有纽扣，将衬衣下摆系入裙子或裤子中，整理平整。夏季穿短袖衬衫，春季、秋季、冬季穿长袖衬衫。长袖衬衫领口、袖口口子必须扣好，不允许挽起袖子。衬衫口袋内不得放置零散物品。

(2) 马甲。马甲应保持干净平整，穿着时应系好所有纽扣。马甲上必须佩戴姓名牌。马甲口袋内不得放置笔、登机牌、手机等物品。

(3) 裙装套装。裙装套装应保持干净整洁，熨烫挺括。穿着制服外套时必须系好纽扣；外套上必须佩戴姓名牌，不得佩戴装饰性物件。

(4) 裤装。裤装应保持干净，熨烫平整。裤子口袋内不得放置过多的零散物品。裤管长度适中，不得拖地，以裤脚刚好盖住脚面为宜。

(5) 大衣。大衣在冬季时穿着，穿着大衣时必须扣好纽扣。

(6) 丝巾。丝巾要时刻保持颜色鲜艳、干净整洁、熨烫平整，不能有抽丝或线头，不得沾有口红印及油渍。穿着春、秋、冬装时必须佩戴。如有褪色应及时更换。丝巾应以各航空公司要求的方式佩戴，不得出现要求以外的方式。

(7) 领带。领带应保持干净、整洁、无脱丝、无脱色、不起皱。挺胸站立时，领带的尖端必须与皮带扣中间平齐，领带的长度要适宜。穿马甲时，必须将领带放在马甲里。领带夹应使用公司统一发放的领带夹，领带夹应位于衬衫上数第四扣和第五扣之间。

（8）围裙。围裙仅限于餐饮服务时统一穿着，不得穿在制服外套的外面。围裙上必须佩戴姓名牌。穿围裙时不得佩戴丝巾。清理洗手间卫生时必须脱下围裙。应时刻保持围裙干净平整，定期洗涤熨烫。

（9）帽子。穿着春、秋、冬装时必须佩戴帽子。帽徽端正，正对鼻梁，帽檐不遮眉，在眉上方的一指处。

（10）袜子。女士应穿着统一发放的丝袜（如自己购买，要求颜色及质地必须等同于发放标准）。飞行箱里应携带备份丝袜，如有破损，需立即更换。男士袜子颜色仅限于黑色、深蓝色。

（11）工作鞋。穿着制服时，应穿统一发放的工作鞋。工作鞋不应有任何装饰物，鞋面应保持干净光亮，无破损。第一个航段平飞后至最后一个航段下降前可着平跟鞋。如果自己购买，要求颜色和设计款式必须等同于发放标准。

（12）皮带。皮带、皮带扣要求款式简洁大方，仅限黑色，无花纹。

3. 制服着装配饰选择

空乘人员穿着制服时，需携带登机证、姓名牌、腕表、戒指、耳饰等物品，女士佩戴丝巾、男士佩戴领带。

（1）登机证。登机证只限本人使用，不得转借他人。只能佩戴统一发放的挂链，挂链上不得附挂其他装饰物。航行前准备时要求登机证应挂在制服衬衫衣领内，自然下垂，正面朝外，方便他人识别。乘务员在进入候机楼隔离区上下飞机时，必须佩戴登机证并向相关人员主动出示以接受检查。登机后，应将登机证摘下，妥善保管。不允许将登机证插在衬衫、马甲口袋内。当登机证丢失时，应当立即报告发证部门。不可涂抹遮盖登机证。

（2）姓名牌。必须佩戴统一发放的刻有自己名字的姓名牌，字迹清晰，无破损。穿着制服外套、马甲、围裙时必须佩戴姓名牌。姓名牌佩戴于左胸上侧，距离肩线15 cm，并居中，其他要求佩戴的标志牌应佩戴在姓名牌上方居中位置。

（3）发饰。盘发髻时要求使用公司统一发放的隐形发网。如需要佩戴发卡，必须为黑色细卡，发卡上不得有任何装饰物，外露发卡的总数量不得超过4枚，保证正面看不到发卡。

（4）戒指。乘务员只允许佩戴一枚戒指，设计要简单、大方，镶嵌物直径不可超过5 mm。

（5）手链。手链只允许佩戴一条，手链宽度不超过2 mm，材质为黄金、白金、银饰，不能有任何镶嵌物的简约款手链。不得佩戴佛珠、手镯、脚链等饰物。

（6）手表。男、女乘务员在执行航班任务时均须佩戴时刻明显、走时准确、款式简洁大方的手表，表带以金属和皮质为宜，女乘务员佩戴手表的表带宽度不可以超过2 cm，男乘务员佩戴手表的表带宽度不可以超过3 cm，皮质表带颜色限制在黑色、棕色、深蓝色、深灰色等。禁止佩戴彩色表盘、卡通款式、运动款式或其他款式夸张的手表。

（7）耳饰。女乘务员允许佩戴一对不能超过黄豆粒大小的耳钉，只允许佩戴在耳垂中部，材质可以是黄金、白金、银饰，镶嵌物直径不超过5 mm，可以是钻石或白色珍珠。不可以佩戴耳环、悬垂式耳饰。男乘务员禁止佩戴任何耳饰。

（8）项链。项链的材质可以是黄金、白金，项链直径不超过 2 mm，项链应佩戴在衬衫里面，挂坠以深弯腰时不露出衣领为限。

（9）眼镜。只限于使用透明的隐形眼镜，禁止佩戴任何彩色隐形眼镜，备用眼镜可为框架眼镜。

（10）牙套。禁止佩戴矫正型外露牙套，禁止牙齿上镶嵌或粘贴任何饰物。

（11）箱包。穿着制服时，应按照标准携带航空公司统一发放的箱包、衣袋等，不应在飞行箱包上悬挂和装饰个性化的饰品或贴纸。在航行前准备区或机场等公共区域，应摆放整齐。客舱乘务员应对本人飞行箱包负有监管责任，不应在非工作场合使用飞行箱包，或转借他人使用。箱包的背带方法应符合航空公司的相关要求。

任务实施

专业		班级	
姓名		小组成员	
任务描述			
空乘制服的岁月变迁			
将班级同学按照每组 8 人进行分组。各小组自行选择一家知名航空公司，对该公司的制服发展史及制服着装规定进行讲解，通过演讲交流，各小组成员了解航空公司的相关企业文化，为就业规划做好提前调研。在演讲过程中，各小组要按照制服着装规定穿着制服			
实训目标			
知识目标	能力目标		素养目标
1. 了解航空公司制服文化； 2. 了解民航职业制服着装规范	1. 能根据制服着装规范，按照要求进行制服着装； 2. 能根据要求进行资料的整理，并有一定的语言组织能力及演讲能力		通过各航空公司制服的发展史，了解各航空公司制服着装规定，同时对企业文化有一定认知，为就业规划做好提前调研
实施过程			
一、个人制服着装 二、主题演讲			

续表

考核评分					
考核任务	考核内容	考核标准		配分	得分
个人制服着装（50分）	《民航客舱乘务员职业形象规范》	发型		10	
^	^	上装		10	
^	^	下装		10	
^	^	鞋袜		10	
^	^	配饰		10	
主题演讲（50分）	演讲内容	切合主题，观点鲜明		4	
^	^	层次清晰，详略得当		4	
^	^	思维及逻辑性强		4	
^	PPT制作	内容符合主题		4	
^	^	技术运用		4	
^	^	艺术视觉		4	
^	语言表达	普通话标准，吐字清晰		4	
^	^	表达流畅、生动		4	
^	^	语速控制合理，语调富有变		4	
^	形象风度	仪表端庄，台风自然		4	
^	^	形体动作合理协调		4	
^	演讲效果	时间掌握符合要求		3	
^	^	无冷场、重复等情况		3	
个人成绩：						
评价				
自我评价		小组评价		教师评价	

知识拓展

空乘制服背后隐藏的文化内涵

全球化为国际间的文化交流敞开了大门，多样、包容的文化激发了创作者心中的热情。我国的传统文化也得到了西方国家的接纳和认可。在这样的文化背景下，中国民航服饰的发展也呈现出遍地开花的局面。

人们平日只看到了空乘人员的整齐着装，却很少关注空乘制服设计的理念和文化内涵。航空公司在空乘服饰的设计上一方面是立足于中国传统文化的特色,旨在通过这种渠道向世人传递中国优秀传统文化的精华;另一方面空乘的服装设计也呈现出了国际元素。

国际航空的空乘服饰的设计主题为"国韵",分为两套,被称为"中国红"和"中国蓝",分别以霁红和青花为主色调构成。这两主色汲取了东方美学的精华,领口搭配上彩色丝巾丰富了整体的效果。再加上巴斯贝雷帽完美地呈现了国际航空民族化和国际化结合的特点。

除国际航空外,另有体现"中国红"的空乘制服非四川航空莫属,以红色为主色调的制服,不禁让人联想到四川热辣滚烫的火锅,红红火火的感觉很喜庆,这个"很四川"。

东方航空空乘制服是邀请法国高级女装界大师设计而来。制服呈风衣样式、V字领、前开叉,同时配以鲜红的宽腰带,既体现了海派风格,又具有国际时尚感。丝巾以莲花和康乃馨为主题,向乘客传递温馨、舒适、踏实的乘坐理念。

海南航空的空乘制服乍看以为是"青花瓷"基调,细看会发现制服的花纹其实是蓝色的云朵。"碧海蓝天,彩云多多"正好契合海南的地方特色。

中国民航空乘服饰堪称是一张名片,向中外游客展示着中国文化的博大精深。在全球化趋势的推动下,空乘服饰也将更有国际范儿。中国各航空的空乘制服如图3-3-11～图3-3-28所示。

图 3-3-11　中国国际航空

图 3-3-12　中国南方航空

图 3-3-13　中国东方航空

图 3-3-14　海南航空

图 3-3-15　四川航空

图 3-3-16　山东航空

图 3-3-17　厦门航空

图 3-3-18　上海航空

图 3-3-19　西部航空

图 3-3-20　深圳航空

图 3-3-21　青岛航空

图 3-3-22　吉祥航空

项目三 职业着装塑造

图 3-3-23 西藏航空

图 3-3-24 成都航空

图 3-3-25 奥凯航空

图 3-3-26 春秋航空

图 3-3-27 华夏航空

图 3-3-28 九元航空

思考与练习

1. 服饰色彩的搭配原则有哪些？
2. 男士商务着装原则有哪些？
3. 民航乘务员制服着装要求有哪些？

项目四
职业妆容塑造

项目描述　化妆是一种修饰美化艺术，得体的职业妆容会令自己更出色、更自信、更完美。不同的场合应该施以不同的装扮，成功的职业装容，既能够扬己所长，补己所短，藏缺扬优，起到美化形象的作用，又可以让自己的职业形象更加符合职业标准。

项目目标　知识目标：掌握妆容塑造的基本知识；掌握基础化妆、职业妆的基本知识。

能力目标：能够根据妆容要求和化妆手法打造男、女乘务员基本妆容；能够塑造符合行业要求的空乘职业妆容。

素养目标：树立正确的审美观，提高审美意识、审美感受和审美能力。

任务一　面部结构认知

新知导入

视频：面部结构认知

一、面部结构分析

化妆主要就是运用化妆品和工具，采取合乎规则的步骤和技巧，对人的面部、五官及其他部位进行渲染、描画、整理，增强立体印象，调整形色，掩饰缺陷，表现神采，从而达到美容目的。化妆上的"形态学"是指脸部的骨骼生长。了解脸部肌肉的骨骼结构和脂肪情况之后，就不难理解影响脸部的光与阴影的现象。另外，五官和表情也是由骨骼与脂肪来决定的。所以，准确掌握脸部的五官比例、轮廓与线条，才能够适度地改变面部结构，对面部进行修饰与美化。

（一）面部的比例

在了解各种脸型之前，需先掌握脸部结构的标准比例，这个比例以身体来说就是头部的大小与身高的平衡度。以脸部来说，就是指眼、鼻、唇等对全脸的平衡度。理想的脸型会因性别、种族与时代的不同，而有不同的审美标准。现代五官的黄金比例指的是"三庭五眼"（图4-1-1）。

三庭，即从人的发际线到眉骨，从眉骨到鼻底，从鼻底到下颌的3个距离正好相等，各占1/3。

五眼，即脸的宽度比例，以眼形长度为单位，把脸的宽度分成五等份，从左侧发际至右侧发际，为五只眼形。两只眼睛之间有一只眼睛的间距，两侧的眼角到脸两侧的发线的距离各为一只眼睛的间距。

人的五官无论长得怎样，只要在脸部黄金比例（三庭五眼）范围内，人的视觉就能产生一种愉悦的平衡感，一般都会感觉较美。

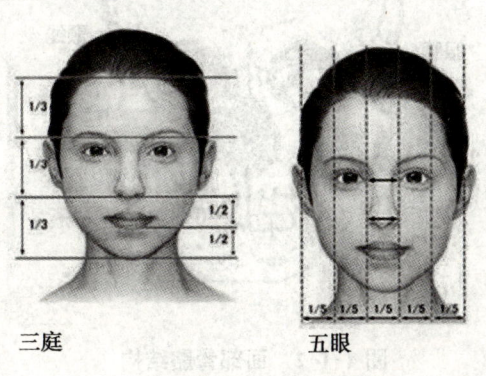

三庭　　　　　五眼

图 4-1-1　五官标准比例

（二）标准的五官位置

（1）眉毛的位置：从额头发际线至鼻底的分界线上。
（2）鼻子的位置：在脸部的正中部位，即中庭位置。
（3）唇的位置：在下庭的中央部位，下唇线在鼻底至下颚底线的二等分平分线处。
（4）眼的位置：在额头发际线和嘴角水平线连接线的 1/2 处。
（5）鼻宽：等于一只眼的宽度。

（三）侧面的轮廓

标准的侧面轮廓，鼻尖、上唇和下巴均在同一条延长线上。

二、面部骨骼

化妆造型一般是对人物的脸部施以矫正，并加以美化的技法，其重要的依据是头部骨骼结构，只有对头、面部骨骼结构进行彻底的了解之后，才能塑造真实的具有表现力的艺术形象，因此在化妆之前，了解面部的骨骼结构是非常重要的。

（一）面部骨骼结构

面部骨骼主要由头部骨骼和脸部骨骼两部分构成。而头部骨骼和脸部骨骼涵盖骨骼种类较多，具体如下：

头部骨骼，主要包括前头骨、头顶骨、后头骨、侧头骨。因人种不同，头部骨骼的构造也不同，但其特征则不会因年龄关系而有所差异。

脸部骨骼，主要包括颊骨、鼻骨、下颌骨、上颌骨。脸部骨骼会因年龄增大而出现变化。面部骨骼结构如图 4-1-2 所示。

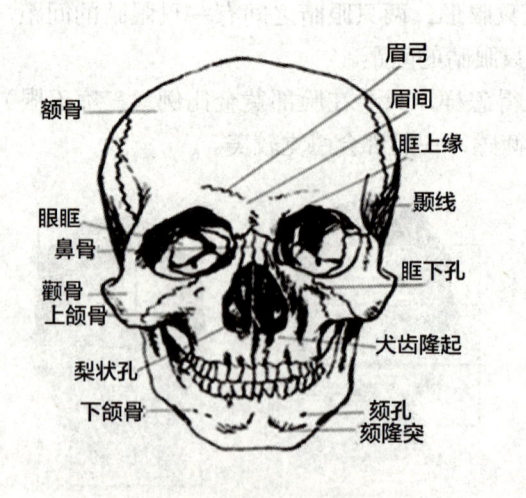

图 4-1-2 面部骨骼结构

（二）面部轮廓

面部的轮廓会受额头、眉骨、太阳穴、颧骨、下颚等部位的影响，形成各种不同的脸型（图 4-1-3）。

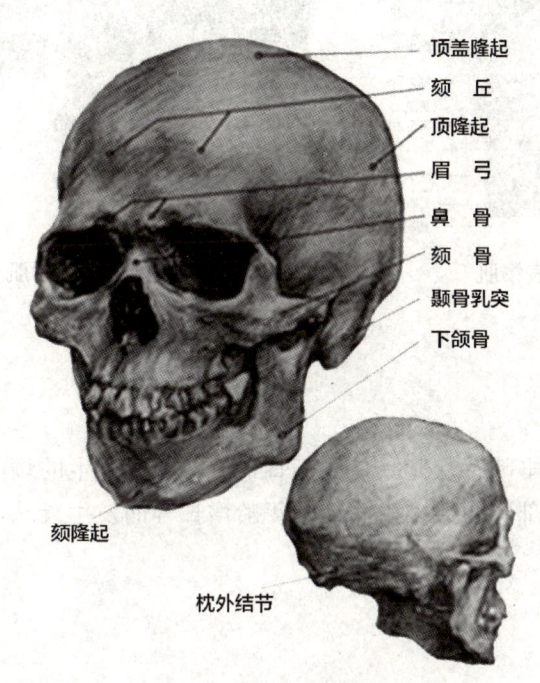

图 4-1-3　头骨骨点图

1. 额头形状

额头形状由前头骨的形状与头发发际线的外形决定。同时，额头的宽窄度、凹凸度，也会影响人物外在的相貌。

2. 下颚形状

下颌骨因人而异，是决定脸的均衡度和脸下半部轮廓的重要因素。下颚的形状会因年龄的增长而改变，当牙落或齿槽被收时，下颚尖端会向前突出。

三、面部肌肉

面部的肌肉可分为表情肌和咀嚼肌，它们会对肌肤的张力产生影响。如太阳穴，年轻时由于肌肉有弹性并不明显，但因急剧消瘦和年龄的增加，而使此部分的肌肉凹陷，颧骨即会明显，带给人年老疲惫的印象。

表情肌（图 4-1-4）是控制颜面动作的肌肉，由于表情的反复运动容易产生表情纹；咀嚼肌（图 4-1-5）是控制咀嚼运动的肌肉。

化妆时，须掌握好习惯性表情，如微笑时，口轮匝肌和笑肌、颧骨肌整个被牵动往上拉，所以描画唇形时，嘴角不妨稍微上扬，这样更能表现出自然的美感。

图 4-1-4 表情肌　　　　　　图 4-1-5 咀嚼肌

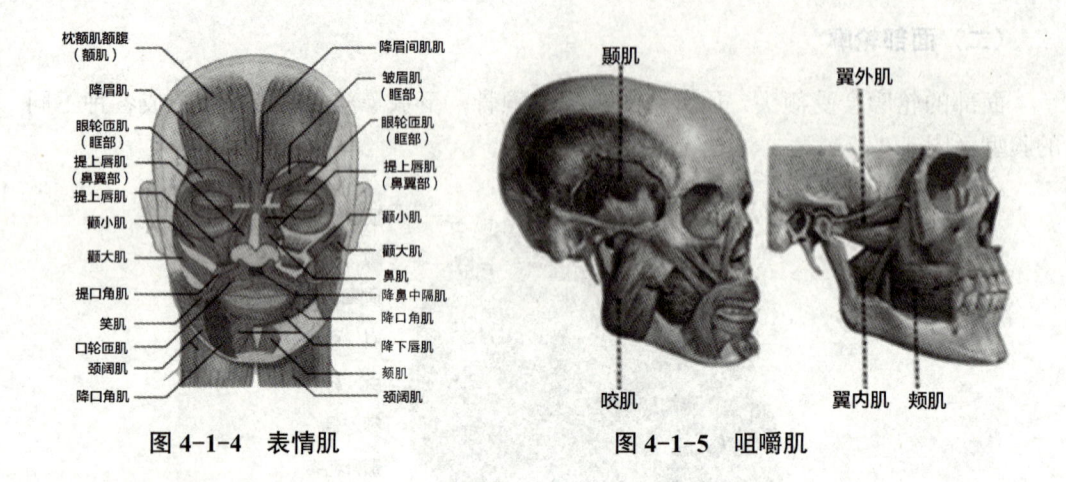

四、脸部脂肪

脂肪给人脸部以丰腴感，尤其是在颧骨下方凹陷处产生的颊部脂肪，会使脸颊呈现丰腴或瘦削感。脸部脂肪会因生病或是年龄增长等而发生衰减，造成双颊塌陷、颧骨明显等情况。

五、典型脸型

生活中没有完全一模一样的两张脸，即使是孪生姐妹，也可以找出她们脸上细微的区别。要想有效地运用化妆，首先就要了解脸型的不同。

（一）脸型判断方法

（1）将额前的头发往后梳，这样便可看清整个脸型及脸部的骨骼结构。

（2）仔细观察发际线、前额、腮部及颧骨，挑选出脸部的特征，然后，按照"典型脸型的特征"中介绍的几种脸型进行对比，完成判断。

（二）典型脸型的特征

脸型由额头、太阳穴、双颊和下颚构成。一般来讲，脸型约分为 7 种。

1. 椭圆脸、蛋形脸（标准）

特征：整体脸部宽度适中，从额部面颊到下巴线条修长秀气，脸型如倒过来的鹅蛋。蛋形脸长久以来被艺术家视为最理想的脸型，也是化妆师用来矫形其他脸型化妆的依据。

2. 圆形脸

特征：从正面看，脸短颊圆，颧骨结构不明显，外轮廓从整体上看似圆形。圆脸型多给人可爱、明朗、活泼和平易近人的印象，看上去比实际年龄小。

3. 方形脸

特征：方形脸的宽度和长度相近，下颚突出方正，与圆脸不同之处在于下颚横宽，线条平直、有力。方形脸多给人坚毅、刚强、堂堂正正的印象。

4. 由字脸

特征：由字脸的额头窄，两腮宽大，整体脸型成梨形，除天生腮部较宽大外，多见于肥胖的人。由字脸多给人富态、稳重、威严的印象。

5. 申字脸

特征：申字脸的人面部一般较为清瘦，颧骨突出，尖下颚，发际线较窄，面部较有立体感，脸上无赘肉，显得机敏、理智等。申字脸多给人冷漠、清高的印象。

6. 甲字脸

特征：甲字脸的额头宽阔，下颚线呈瘦削状，下巴既窄又尖。大部分甲字脸型的人发线呈水平状，部分人在额头发际处会有所谓的"美人尖"。

7. 长形脸

特征：长形脸型宽度较窄，显得瘦削而长，发线接近水平且额头高，面颊线条较直，颚部突出，角度分明。

脸型虽分很多种，但一般人的脸型通常是两种脸型的混合型。因此，想要将一个人的脸型归类于某一种类型是不太容易的。所以，在观察、认识脸型时，可先根据脸部标准形态美的比例进行分析，再配合脸部轮廓的特征做好化妆设计。化妆中面部结构的了解和掌握是至关重要的，它直接影响了化妆造型思维方向，特别是在矫正化妆时，面部结构知识的运用更为频繁。而在具有塑型要求的化妆工作中，若不了解人的面部结构，其化妆造型工作更是无从下手。

任务实施

专业		班级	
姓名		小组成员	
任务描述			
不一样的你我他			
人的长相之所以不同，与头面部骨骼、轮廓与肌肉息息相关。头面部结构形态的了解和把握更是学习化妆的基础。请你与队员们分工合作，完成面部结构认知。 具体要求：4～6名学生一组，设组长一人，小组成员互拍照片，进行面部结构分析，识别面部骨骼、轮廓与肌肉，分辨并总结各成员脸型特征，并绘制思维导图进行总结与归纳			

续表

实训目标		
知识目标	能力目标	素养目标
1. 理解"三庭五眼"的含义； 2. 掌握标准五官的位置； 3. 了解面部骨骼结构、面部肌肉结构与功能； 4. 掌握典型脸型的特征	1. 能够进行面部结构判断； 2. 能够根据面部结构、骨骼、轮廓与肌肉特征判断脸型	1. 培养学生独立思考能力； 2. 培养学生严谨细致的工作作风； 3. 培养学生总结与归纳能力
实施过程		

一、面部结构分析

二、面部骨骼、轮廓认知

三、面部肌肉认知

四、脸型判断

五、总结与归纳（绘制思维导图）

续表

考核评分				
考核任务	考核内容	考核标准	配分	得分
面部结构认知（100 分）	面部结构分析（25）	面部比例分析与计算准确	10	
		标准五官位置确定正确	10	
		侧面轮廓分析合理	5	
	面部骨骼、轮廓认知（20）	脑的头盖骨、脸的颜面骨认知明确	10	
		额头、眉骨、太阳穴、颧骨、下颚认知明确	10	
	面部肌肉认知（20）	表情肌基础认知明确	10	
		咀嚼肌基础认知明确	10	
	脸型判断（25）	根据脸型特征正确判断脸型	25	
	归纳总结（10）	利用思维导图进行总结与归纳	10	

个人成绩：

评价		
自我评价	小组评价	教师评价

知识拓展

面部表情肌按摩

面部表情是一种可完成精细信息沟通的体语形式。人体的面部有 42 块肌肉，可产生丰富的表情，准确传达各种不同的心态和情感。面部表情主要由表情肌控制产生，适度的表情肌按摩可以促进血液循环、加速新陈代谢，使皮肤内的皮下脂肪层不容易松弛老化，保持皮肤的弹性和活力。长期坚持面部按摩，对放松肌肉、平缓皱纹、美化肤色、延缓衰老特别有益。

一、面部表情肌的主要特征

（1）表情肌属于皮肌，位置较浅，起于骨，止于皮肤，甚至完全不固着于骨上。

（2）表情肌表面不覆盖深筋膜（颊肌例外），肌纤维固着于皮肤，当其收缩时，直接引起皮肤的运动。

(3) 表情肌收缩时，使面部皮肤拉紧，改变其开头和外观，产生各种表情。

(4) 表情肌主要集中于面部的眼、耳、口周围，这些肌肉有些是环行的，具有括约作用。

(5) 表情肌全部由面神经支配，当面神经受损时，相应肌肉收缩运动出现障碍，从而会出现面部活动不灵活的症状。

二、面部表情肌形态位置、主要功能及锻炼方法

(一) 额肌

(1) 形态位置：起自额上、中部的帽状腱膜，纤维由上而下垂直走形，大部分纤维止于眉区皮肤和皮下，少部分纤维止于眼轮匝肌（图4-1-6）。

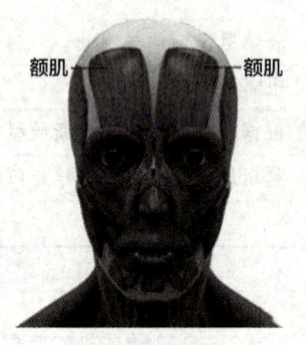

图 4-1-6 额肌

(2) 主要功能：收缩时，额部皮肤上移出现皱纹，同时眉部皮肤上移而使眉毛上举，睑裂也同时开大。提上睑肌发育不全或功能减弱的患者借助额肌的这一作用开大睑裂。

(二) 眼轮匝肌

(1) 形态位置：呈环形，分3部分，眶部在眼眶周围；睑部在上下眼睑的皮下（图4-1-7）。

(2) 主要功能：眶部和睑部使眼睑闭合；眶部用力收缩时，可牵引额部皮肤向下，与额肌对抗。

图 4-1-7 眼轮匝肌

（三）皱眉肌、降眉肌

1. 形态位置

（1）皱眉肌：横向位于两侧眉弓之间，起自眉弓内端、额骨鼻部，内侧位于眼轮匝肌眶部和额肌（额腹）的深面，肌纤维斜向外上方延伸，止于眉中部（图4-1-8）。

（2）降眉肌：位于皱眉肌始段的内侧，平行于眶缘，止于内侧眉皮下及其相邻周围眉间部皮肤（图4-1-9）。

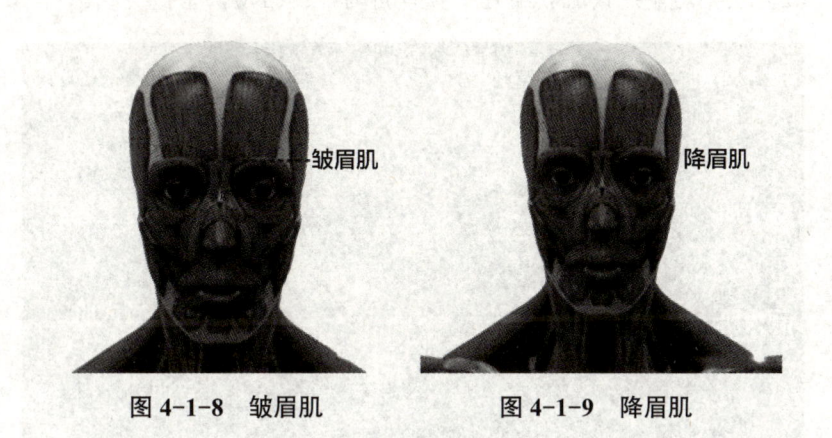

图4-1-8　皱眉肌　　　　图4-1-9　降眉肌

2. 主要功能

收缩时皱眉肌的横头牵拉眉毛向内侧下方移动，使内侧上方皮肤呈现向内下的斜形隆起，加大眉的倾斜度，产生皱眉表情，使眉间鼻根上方的额部皮肤产生纵形皱纹，即"眉间纹"，俗称川字纹，同时也会形成一些斜纹。

降眉肌收缩时牵引眉间部皮肤向下，可加强皱眉肌形成表情。收缩时鼻根部会产生水平的横向皱纹。

（四）鼻肌

（1）形态位置：鼻肌可分为横部和翼部，横部又称压鼻孔肌，起自犬牙根部上方，止于鼻背；翼部又称鼻孔开大肌，起自外侧切牙上方，止于鼻孔缘及附近鼻翼（图4-1-10）。

（2）主要功能：控制横部和翼部肌肉运动，实现鼻孔张合，鼻部运动。

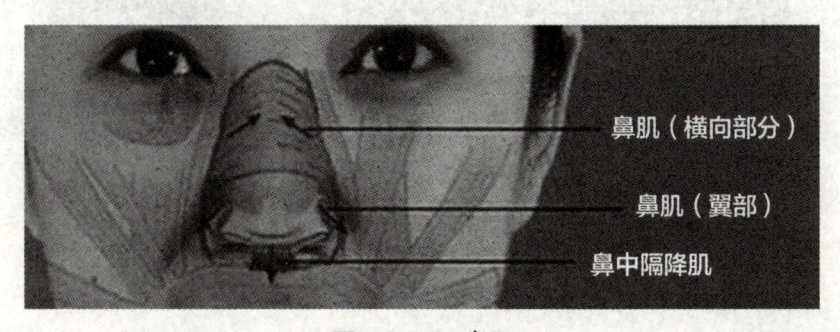

图4-1-10　鼻肌

（五）颧小肌、颧大肌

（1）形态位置：颧大肌起自颧骨前面，止于口角皮肤，与口角肌、口轮匝肌融合，部分人有双叉的颧大肌，其中一条肌束可向真皮伸展，从而形成酒窝；颧小肌起自颧骨，止于鼻唇沟下部皮肤附近（图4-1-11）。

（2）主要功能：颧大肌收缩时可向外上方牵拉口角，使面部表现笑容。

（六）笑肌

（1）形态位置：位于颧大肌下方（图4-1-11）。

（2）主要功能：该肌收缩可牵拉口角向外侧活动，呈微笑状。

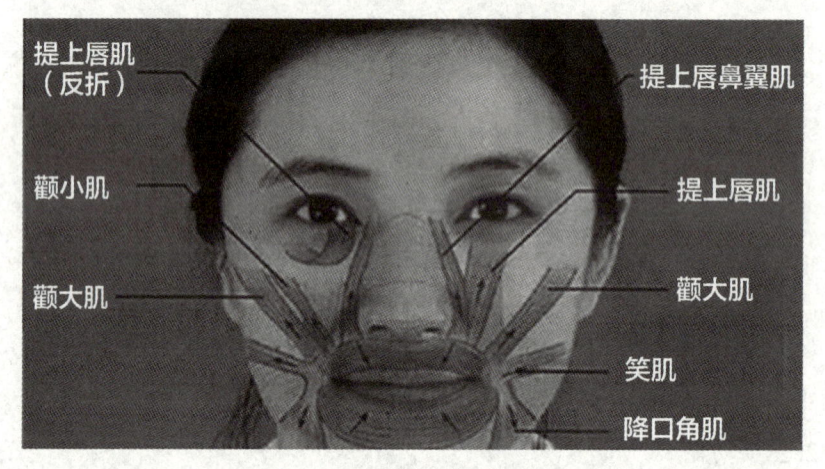

图 4-1-11　颧小肌、颧大肌

（七）提口角肌

（1）形态位置：位于口轮匝肌的上方、眼眶下缘的骨面上（图4-1-12）。

（2）主要功能：能使上唇提升，其收缩能形成中部的鼻唇沟。

（八）降下唇肌

（1）形态位置：位于口角下部的皮下，为三角形的扁肌，故又名三角肌，部分肌纤维终于口角皮肤，部分肌纤维移行于切牙肌，部分肌纤维至上唇移行于口轮匝肌，与笑肌和提口角肌相延续（图4-1-12）。

图 4-1-12　提口角肌与降下唇肌

（2）主要功能：使下唇下降。

科学研究表明，每天坚持面部锻炼，可以强化并增大面部肌肉，让皮肤下有更多填充，同时坚实的肌肉还会为面部塑形提供更好的支撑，让面部更饱满，更年轻。

任务二　皮肤的清洁与保养

新知导入

视频：皮肤的清洁与保养

一、皮肤的结构和生理作用

（一）皮肤的结构

皮肤是指包在身体表面，直接同外界环境接触，具有保护、排泄、调节体温和感受外界刺激等作用的一种器官，其总质量占体重的5%～15%，是人体器官中最大的器官。皮肤厚度因人或部位而异，从0.5～4 mm不等，其中，手掌、足底外皮肤最厚为1～3 mm，眼睑处皮肤最薄约0.5 mm。

皮肤结构（图4-2-1）主要由表皮、真皮和皮下组织三部分组成。

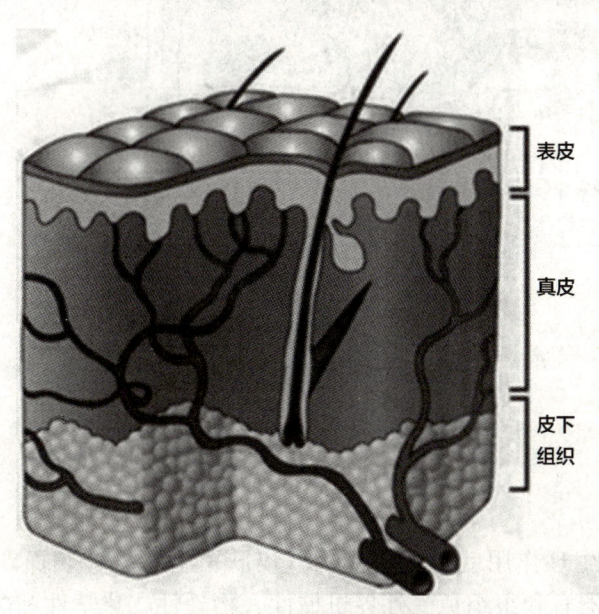

图4-2-1　皮肤结构图

1. 表皮

表皮位于皮肤表面，可分为角质层和生发层两部分。已经角质化的细胞组成角质层，脱落后成为皮屑。生发层细胞不断分裂，能补充脱落的角质层。生发层有黑色素细胞，产生的黑色素可防止紫外线损伤内部组织。

2. 真皮

表皮属复层扁平上皮，是致密结缔组织，厚度约为表皮的10倍，有许多弹力纤维和胶原纤维，能保持皮肤张力和弹力。

3. 皮下组织

皮下组织位于皮肤下层，属疏松结缔组织，内含大量脂肪细胞，具有保温御寒及保护内部组织的作用。

（二）皮肤的生理作用

皮肤结构分解（图4-2-2）是人体的最大器官，覆盖整个体表，参与全身的各种功能活动，具有保护、感觉、吸收、分泌和排泄、体温调节、代谢、免疫等重要的生理作用，并维持内环境的稳定。这些功能对肌体的健康非常重要，而肌体情况的异常也可在皮肤上反映出来。

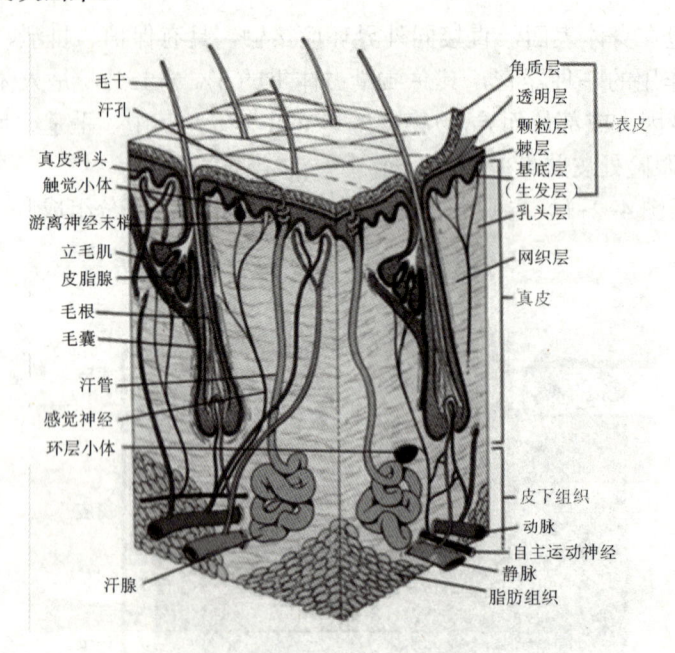

图 4-2-2　皮肤结构分解图

1. 保护作用

皮肤最重要的生理作用就是保护作用。皮肤覆盖于人体表面，是人体的天然屏障，既可保护体内器官和组织免受外界机械性、物理性、化学性和微生物等有害因素的伤害，又可防止体内水分、电解质和营养物质丢失，保持肌体内环境稳定。

2. 感觉作用

皮肤是人体主要的感觉器官之一，能感受外界各种刺激，其作用可分为两类：一类是单一感觉，即当外界刺激作用于皮肤后，引起神经冲动，通过不同途径传递到中枢神经系统，产生触、冷、热、痛、压及痒等感觉；另一类是复合感觉，即由不同感受器或神经末梢的共同感知，经大脑综合分析后产生多种微妙的复合感觉，如潮湿、干燥、平滑、粗糙、柔软及坚硬等感觉。这些感觉有的经过大脑判断其性质，做出有利于肌体的反应，有的则引起相应的神经反射，如撤回反射和搔抓反射等，以维护肌体的健康。

3. 吸收作用

皮肤具有吸收外界物质的能力，称为经皮吸收。皮肤的主要吸收途径是渗透角质层细胞，再经表皮其他各层到达真皮而被吸收；另外，皮肤还可以通过毛囊、皮脂腺和汗腺导管而被吸收。除此以外，皮肤对脂溶性物质吸收较好，水溶性物质吸收较差。所以需随时给皮肤补充水分。皮肤的吸收功能对于维护身体健康不可或缺，并且是现代皮肤科外用药物治疗皮肤病的理论基础。

皮肤吸收一般有以下三个途径：

（1）角质层软化，渗透过角质层细胞膜，进入角质层细胞，然后通过表皮其他各层。

（2）大分子及不易渗透的水溶性物质只有少量可通过毛囊、皮脂腺和汗腺导管而被吸收。

（3）少量通过角质层细胞间隙渗透进入。

4. 分泌和排泄作用

皮肤内小汗腺分泌汗液，具有散热降温、保护皮肤、排泄代谢物等作用；皮脂腺分泌皮脂，在皮肤表面形成脂质膜，起润滑皮肤和毛发的作用；皮肤中含有的多种代谢酶，糖、蛋白质、脂肪、水和电解质的代谢也能在皮肤中进行。

5. 体温调节作用

皮肤是热的不良导体，在一定环境下可保持体温的恒定。当外界温度过高时，皮肤血管扩张，血流增多、汗腺分泌增强，以利于散热，防止体温升高；当外界气温降低时，皮肤的毛细血管收缩，汗液分泌减少，有利于保温，使身体不至于受寒或冻伤。

6. 代谢作用

血液循环负责身体的新陈代谢，能供给皮肤所需的营养和水分。皮肤生长需要营养，如氧气、水、维生素、脂肪、糖、蛋白质及其他微量元素。皮肤组织参与整个机体的糖、蛋白质、脂类、水和电解质等新陈代谢过程，以维持机体内外的生理需求平衡。

7. 免疫作用

皮肤可看作是一个具有免疫功能并与全身免疫系统密切相关的外周淋巴器官。皮肤内免疫活性细胞主要有朗格汉斯细胞、淋巴细胞、巨噬细胞、肥大细胞等。这些细胞分布在真皮浅层毛细血管的周围并相互作用，通过其合成的细胞因子相互调节，对免疫细胞的活化、游走、增殖分化、免疫应答的诱导、炎症损伤及创伤修复均具有重要的作用。

二、洁肤与护肤

皮肤根据皮脂腺分泌的油脂和汗腺分泌的汗液之间的比例多少大致分为油性皮肤、干性皮肤、中性皮肤、混合性皮肤、敏感性皮肤。因此，针对不同类型皮肤选择恰当的保养方法、适当的护肤品对改善皮肤平衡，拥有健康皮肤也极为关键。

（一）不同类型皮肤特征及其护理要点

1. 油性皮肤

（1）主要特征：皮脂分泌旺盛，皮肤和毛发多脂，多数肤色偏深，毛孔粗大，易黏附污尘，产生粉刺。属于油性皮肤的人，每天到中午前后，面部大部分区域易出现油光甚至油腻（图4-2-3）。

图4-2-3 油性皮肤

（2）护理要点：首要的工作就是控油。可以适当选择油分较少、清爽型、抑制皮脂分泌、收敛作用较强的护肤品。油性皮肤的人在患有痤疮或者痤疮病变期间，不宜使用化妆品。其次就是补水。大多数的油性肌肤都缺水，旺盛的油脂分泌过程中要消耗肌肤内的大量水分，因此，及时补水更易于保护其皮肤。

2. 干性皮肤

（1）主要特征：皮脂分泌少而均匀，没有油腻的感觉，因此缺乏光泽；皮肤较薄且干燥，毛孔几乎看不出来，显得清洁、细腻，很少出现粉刺，但较娇嫩、敏感，若受风吹日晒等刺激后，皮肤毛细血管比较浅，易破裂，皮肤易生红斑，易老化，特别是眼前、嘴角处易起细小皱纹（图4-2-4）。干性皮肤又可分为缺油性皮肤和缺水性皮肤两种。属于干性皮肤的人，每天到中午前后，面部经常干燥、暗淡，有紧绷感甚至脱皮现象。

图 4-2-4　干性皮肤

（2）护理重点：多喝水、多吃水果和蔬菜，多做按摩护理，促进血液循环，不要过于频繁的沐浴剂及过度使用洁面乳，注意补充肌肤的水分与营养成分、调节水油平衡的护理。注意周护理及使用保持营养型的产品，建议选择非泡沫型、碱性度较低的清洁产品，并选用保湿的化妆水配合保湿乳或保湿霜，以帮助肌肤锁住水分。

3. 中性皮肤

（1）主要特征：皮脂腺、汗腺的分泌量适中，没有油光或干裂，油脂和水分分泌平衡，皮肤富有弹性，不见毛孔，红润有光泽，不易老化，对外界刺激不敏感，没有皮肤瑕疵，是一种健康的理想皮肤，多见于发育期前少男少女和婴幼儿及保养较好的人。属于中性皮肤的人，面部经常感觉很清新，不油腻也不暗淡，毛孔细小，皮肤细腻，很少出现粉刺（图 4-2-5）。但此类皮肤也会随季节变化受到影响，夏天会倾向于油腻，冬天会比较倾向于干燥。

图 4-2-5　中性皮肤

（2）护理要点：日常只需要维持水油平衡，适当补充养分，就可以使肌肤保持油腻光滑。应视季节的不同进行正确的保养，依皮肤年龄、季节选择，夏天选择亲水性，冬天选择滋润性，令皮肤腺和汗腺的分泌通畅，以保持皮肤的良好状态。

4. 混合性皮肤

（1）主要特征：同时存在两种不同性质的皮肤为混合性皮肤（图4-2-6）。一般在前额、鼻翼、下巴处面部侧面为干性或中性，前额、鼻翼、面中区为油性，毛孔粗大，油脂分泌较多，甚至可发生痤疮。25～45岁女性多为混合型皮肤。此类皮肤较干性皮肤空易产生粉刺，且随季节变换发生变化，夏季偏油性，冬季偏干性。属于混合性皮肤的人，清晨或者中午面部T形区空易有油腻感。

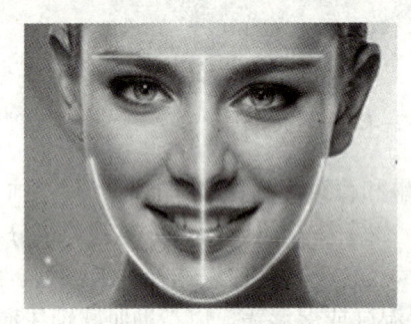

图4-2-6　混合性皮肤

（2）护理要点：皮肤会随着季节变化呈现不同的倾向性，所以，在护理时，要根据季节选择合适的护肤品。在进行日常皮肤护理时，需按偏油性、偏干性、偏中性皮肤分别侧重处理，油性区要调理，干性区要经常补水和滋养。在使用护肤品时，建议先滋润较干的部位，再在其他部位用剩余量擦拭。注意适时补水、补营养成分、调节皮肤的平衡。

5. 敏感性皮肤

（1）主要特征：皮肤的角质层很薄，很脆弱，可以明显地看到毛细血管，对外界的刺激无法调试，容易受到伤害。属于敏感性皮肤的人，不同的人有不同的过敏物质，容易受环境因素、季节变化及护肤品的刺激而导致皮肤过敏（图4-2-7）。

图4-2-7　敏感性皮肤

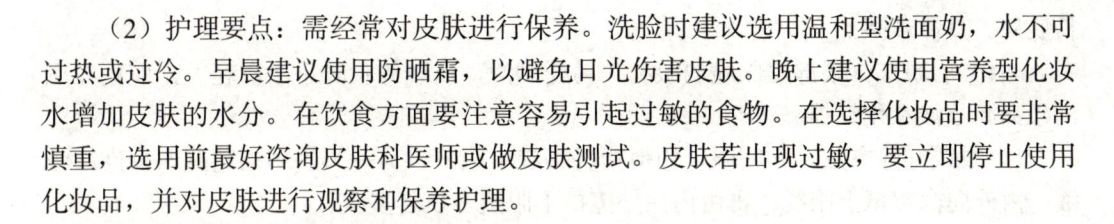

（2）护理要点：需经常对皮肤进行保养。洗脸时建议选用温和型洗面奶，水不可过热或过冷。早晨建议使用防晒霜，以避免日光伤害皮肤。晚上建议使用营养型化妆水增加皮肤的水分。在饮食方面要注意容易引起过敏的食物。在选择化妆品时要非常慎重，选用前最好咨询皮肤科医师或做皮肤测试。皮肤若出现过敏，要立即停止使用化妆品，并对皮肤进行观察和保养护理。

（二）面部皮肤常规护理步骤

随着时间的推移和外界环境的侵袭，人体的皮肤容易出现多种问题，而对于这些问题最有效的处理方法，就是进行皮肤护理（图4-2-8）。对于爱美人士而言，面部皮肤护理不仅是一种健康的生活习惯，更是保持美丽的重要步骤。

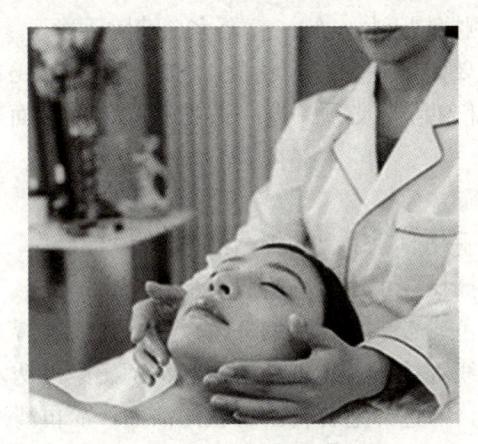

图 4-2-8 面部皮肤护理

面部皮肤日常护理步骤：卸妆（晚间）→洁肤→爽肤→润肤→隔离（清晨）。

清晨皮肤护理步骤与晚间皮肤护理步骤大致相同，只是在滋润之后多了一步隔离，而晚间皮肤护理时在洁肤之前多了非常重要一步卸妆，除此之外，晚间护理中的润肤相对于早晨的护理要选用更加营养的精华液和营养晚霜，因为夜间是皮肤进行自我养护的时间，可以有效地修护白天受损的肌肤。

1. 卸妆

肌肤的污垢大致可分为两种，一种是灰尘、汗水、油脂等生理水溶性污垢；另一种是化妆品和护肤品等形成的污垢。由于彩妆和护肤品中的粉底色素、美白和防晒等化学成分，附着于皮肤表面的能力强、不易脱落，且大多含油性，更是难以清洗，所以一定要选择专用的卸妆产品，才可去除油性污垢。无论多么淡的妆，仅使用洗面奶洗脸无法彻底去污，而且未洗净的油性卸妆液也会变成油性污垢。另外，妆面中有很多细节部分很难卸除干净，如睫毛、眼线和眼影，因此，卸妆时应该首先卸除这些地方，尤其是使用防水性化妆品时，尽量采用去污力强的卸妆液，才不会残留化妆品和污垢伤害皮肤。

卸妆时可按眉眼部、唇部、脸部顺序进行，逐一卸掉眼线、眼影、眉色、口红和粉底等。具体步骤如下：

（1）眉眼部。眼部皮肤脆弱敏感，易受刺激，所以卸妆时手法应轻柔，应用专用的眼部卸妆液和化妆棉。

1）眼线卸除方法：先闭眼，用拇指轻提起上眼睑，另一只手用棉签蘸取少许卸妆液，由外向内擦拭上眼线，再由内向外擦拭下眼线，反复多次。

2）眼影卸除方法：两手指分别夹住蘸有卸妆液的棉片在上眼睑处由内向外轻抹至太阳穴，直至干净为止。

3）眉部卸除方法：眉部彩妆的卸除方法与眼影的卸除方法类似。用两只手指夹住蘸有卸妆液的棉片在眉毛处由内向外，来回反复轻抹，直至干净为止。

（2）唇部。卸除唇部彩妆时，一只手按住一侧的嘴角，另一只手的手指夹住蘸有卸妆液的棉片从嘴角一侧擦拭至另一侧，直至完全清除干净。

（3）脸部。脸部主要是卸除粉底等底妆，可用蘸有卸妆液的棉片分别按额头、鼻子、脸颊、口周的顺序来卸除，必须一遍一遍地卸除，并按面部肌肉的纹理及走向擦拭，直至完全清除干净。

卸妆时注意事项如下：

1）卸妆前需清洁双手，以免手上的细菌沾染卸妆产品。

2）卸妆时切勿大力擦拭，手法要顺着肌肤的纹理。

3）原则上要先卸除色彩较多、较重的部位，如眼影、唇膏，再清洗其他部位。

4）不要忘记清洁发线部位，否则很容易引起细菌感染，诱发痘痘。

5）卸妆产品使用后，需选择适合自己皮肤的洁面产品再清洗一遍。

6）冲洗时，尽量选用温水，因为冷水对油脂清洗力较差，过烫的水易造成皮肤干燥。

2. 洁肤

附着于脸上的污垢，除每天自身排出的分泌物、生化代谢物外，还有空气中的悬浮粒子或是外界的化学物质，这么多的"垃圾"堆积在脸上，如果每天没有清除干净，时间一久，不断累积的残留物势必会阻塞毛孔，影响皮肤健康，因此，想要护肤、美肤，必须先从洁肤开始（图4-2-9）。

图4-2-9　洁肤

洁肤步骤如下：

（1）用温水湿润脸部。洗脸水宜选用软水或将自来水烧开冷却后使用，水温与人体温度接近。水温过热会使皮肤变得粗糙，易出现皱纹。水温过凉只能清洁皮肤表面的污垢，无法清洁毛孔里的尘垢和过剩的油脂，适宜的水温（30 ℃～40 ℃）既能保证毛孔充分张开，又不会使皮肤的天然保湿油分过分丢失。

（2）洁面。洁面时，须先将洁面产品在手心充分打起泡沫，否则不但达不到清洁的作用，还会使洁面乳残留在毛孔内，从而引起粉刺和青春痘等皮肤炎症。

（3）按摩与冲洗。将洗面泡沫涂抹在面部和颈部，并用指腹轻轻打圈按摩，让泡沫遍及整个面部，随后使用湿润的毛巾轻轻擦洗，最后双手捧起冷水清洗面部20下，同时用沾了凉水的毛巾轻敷脸部，使毛孔收紧，进一步促进面部血液循环。

（4）洁肤注意事项如下：

1）清洁面部时需先洗手，以免细菌转移到面部皮肤。

2）清洁皮肤按摩时，须用指腹轻轻画圈按摩，使化妆品充分溶解，以便清除脸部化妆品及污垢。

3）洁肤时，需注意顺着面部肌肉的走向和皮肤的纹理进行擦拭，切不可上下反复。

4）注意鼻孔耳边、发际和下巴等边缘部位，切勿残留洗面奶。

3. 爽肤

中性、干性或敏感性肌肤建议使用柔肤水，油性及混合性偏油肌肤建议使用爽肤水，起到柔软皮肤，二次清洁，平衡酸碱度，补充水分及收缩毛孔的功效。擦拭时建议使用化妆棉，达到清洁和节省的效果。

4. 润肤

空气湿度降低，皮肤角质层保湿因子不足，油脂腺活跃能力降低，脸上的油分减少，皮肤易绷紧，眼下及鼻旁易出现细纹，这都是皮肤干燥的结果，因此需给面部皮肤及时补充保湿因子。

（1）眼部护理（图4-2-10）。眼周皮肤较薄，其表皮与真皮的厚度只有0.25～0.55 mm，仅为其他部位的1/10，是全身皮肤中最薄、最脆弱的部分，也更易受紫外线、干燥环境等伤害。眼周因缺少皮脂腺与汗腺，无天然滋润能力，供给油脂相对较少，易干燥缺水。另外，眼周皮肤的微血管极微细，胶原蛋白和弹性纤维分布很少，缺少肌肉支撑，易形成黑眼圈、细纹等问题，且过敏源易穿过眼周皮肤，因此，必须做好眼周肌肤的日常护理。

眼部护理方法：涂抹眼部精华素时需要掌握正确手法。首先以无名指沾上眼霜，以另一只无名指把眼霜推匀，轻轻按压在眼部周围，最后按照内眼角、上眼皮、眼尾、内眼角的次序轻轻打圈按摩五至六次。过程中轻压眼尾、下眼眶及眼球。

图 4-2-10　眼部护理

（2）面部保湿（图 4-2-11）。健康肌肤的含水率维持在 15%～20%。而无论是什么肌肤，要想肌肤长久地保湿，在补水的同时都需要适量的油脂来锁住水分。对于缺水又缺油的干性肌肤，更需同时补油、补水才能达到好的肌肤保湿效果。

面部保湿方法：肌肤在涂抹完化妆水之后，可涂抹乳液形成护肤层，防止水分蒸发，有效地锁住水分和营养，还可避免肌肤直接与空气接触。而乳液和保湿面霜的成分一样，一般都添加了油脂成分，乳液相对于保湿面霜来说，它的含水量相对更高，是保湿面霜的 1～2 倍。但是保湿面霜的质地比乳液要厚一些，锁水效果要好。为了使皮肤拥有足够的脂质锁水，一般建议选择适合自己肤质的乳液和保湿霜。

图 4-2-11　面部护理

5. 隔离

隔离主要是隔离空气中的灰尘、阳光中的紫外线及彩妆品中的化学成分。由于一年四季紫外线都在，所以防晒都是必不可少的步骤。夏天建议选用 SPF25 以上和 PA++ 以上的防晒隔离产品，春、秋、冬三季选用 SPF15 和 PA++ 的防晒隔离产品。若夏季在海边，请尽量选用 SPF40 以上的防晒隔离产品。

任务实施

专业		班级	
姓名		小组成员	

任务描述

皮肤的清洁与保养

皮肤是人体的最外层组织，也是人体最大的器官。不同类型皮肤需选择恰当的清洁与保养方法、适当的护肤品，才能保持皮肤平衡，维持健康的状态。请你与队员们分工合作，完成面部皮肤的清洁与保养。

具体要求：2～3名学生一组，设组长一人，小组成员互为模特，完成面部皮肤类型的判断，并进行面部皮肤常规护理

实训目标

知识目标	能力目标	素养目标
1. 了解皮肤的结构与功能； 2. 理解皮肤的生理作用； 3. 了解不同皮肤特征及护理特点； 4. 掌握面部皮肤常规护理步骤	1. 能够根据皮肤特征判断皮肤类型； 2. 能够按照常规护理步骤正确护理皮肤	1. 培养学生细致沟通与协作意识； 2. 培养学生人文关怀理念

实施过程

一、皮肤类型判断

二、面部皮肤常规护理

1. 卸妆

2. 洁肤

3. 爽肤

4. 润肤

5. 隔离

续表

考核评分				
考核任务	考核内容	考核标准	配分	得分
皮肤的清洁与保养（100分）	皮肤类型判断（30）	根据皮肤特征正确判断皮肤类型	30	
	面部皮肤常规护理（70）	卸妆（眉眼部、唇部、脸部）步骤正确，化妆品和污垢卸除干净	20	
		洁肤水温适宜、洁面产品使用正确、手法正确	15	
		根据不同皮肤类型选择恰当的爽肤产品	10	
		眼部护理手法正确	15	
		面部保湿产品选择正确	5	
		隔离产品选择恰当	5	
个人成绩：				

评价		
自我评价	小组评价	教师评价

知识拓展

皮肤的影响因素

皮肤是人体的最外层组织，外界环境的变化对皮肤有着直接的影响，如空气湿度变化、气温改变、空气污染程度、皮肤接触紫外线剂量与时间及不同年龄、生活习惯等均可引起皮肤性状的改变，从而影响皮肤的健美。另外，皮肤与肌体内部组织器官又是一个紧密联系的有机体，当肌体内部组织器官发生病变时，往往通过不同形式反映到皮肤上来，进一步影响皮肤的健美。因此，充分认识和分析这些因素，对皮肤的保养非常重要。

1. 不可控因素

（1）年龄：随着年龄增长，肌肤一天天地老化。幼儿的皮肤柔软无瑕，青少年阶段荷尔蒙水平改变，油脂分泌明显增多，皮肤特别容易受到感染伤害，成人以后肌肤油脂分泌减少，渐渐失去弹性，出现皱纹。

（2）污染：空气中的粉尘微粒阻塞毛孔；工厂排出的废气和汽车尾气含大量的自由基，是造成皮肤过早衰老的罪魁祸首。

（3）阳光和风沙：阳光中的紫外线导致肌肤产生大量的黑色素，使皮肤受损产生斑点；风沙造成肌肤干燥脱皮，导致细纹、皱纹出现。

（4）湿度和温度：干燥及低温的环境会加速皮肤的水分流失，使皮肤干燥及紧绷；潮湿及高温的环境使皮肤汗腺分泌旺盛，造成皮肤油腻。

2. 可控因素

（1）水分：每天饮用6～8杯白开水，可促进细胞新陈代谢，早晨空腹喝两杯白开水，有助于排毒、养颜。

（2）睡眠：睡眠过程是肌肤自我更新的高峰期，充足的睡眠（每天6～8小时）是肌肤健康的基础，经常熬夜的人第二天早上起床后面色晦暗，甚至会出现黑眼圈。

（3）压力：生活压力可导致暗疮、荨麻疹、脸色苍白和黑眼圈等皮肤问题；压力还可导致肌肉紧张，经常性紧绷的面部表情，使皮肤产生永久皱纹。

（4）运动：适量的运动可以促进血液循环和新陈代谢，从而刺激皮肤细胞的产生。

（5）营养：食物不仅为身体提供各种维生素和矿物质，还和肌肤的健康紧密相关，营养失衡易导致营养不良、贫血、失眠、便秘、肝病和肾病等，脸上相应易呈现病态。

（6）有害物质：吸烟会使面部毛细血管收缩，造成血液、氧气及养分难以被送到皮肤表面，加速皮肤衰老，也易使眼部及唇部周围的皮肤出现皱纹；酒精及咖啡因等利尿成分会导致人体内水分流失；药物有时会对皮肤产生负面影响，使其更加敏感。

任务三　细腻底妆的打造

新知导入

视频：细腻底妆的打造

一、底妆的选择

底妆的精致、持久和完美，一直都是彩妆美人们最本质和最挑剔的追求。底妆是整个化妆效果的基础，犹如金字塔的底、楼房的根基，是一切美丽的基础，其对皮肤修饰效果包括保护皮肤、调整肤色、紧致皮肤、改变皮肤质感、掩盖脸部瑕疵等多个方面。底妆的目的不是遮住脸上的所有细节（纹路、毛孔、痣瘢等），而是让皮肤看上去更接近自然的美肌（图4-3-1）。

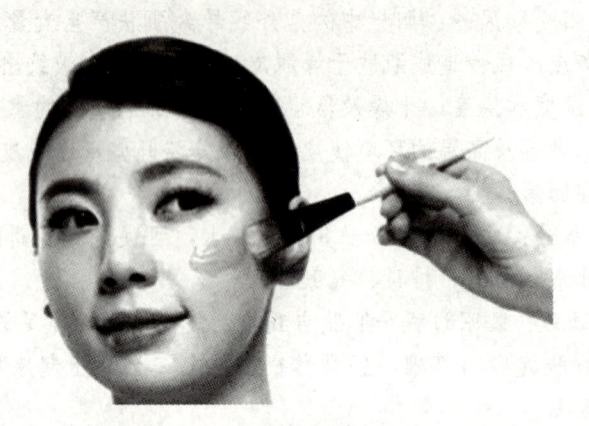

图 4-3-1　底妆打造

（一）底妆化妆品与化妆工具

打好底妆是整个化妆步骤中第一个步骤，也是最重要的步骤。一个自然清透的底妆是整个妆容的基础。底妆产品丰富多彩，品种繁多，每一种都有不同的功效及作用，它们有时可以单独使用，也可以配合使用。因此，掌握适合底妆的化妆品和化妆工具就显得尤为重要。

1. 底妆化妆品

（1）粉底液（图4-3-2）。粉底液是最常见的底妆产品。它的质地是乳液状，具有极强的延展性，容易推开。它适用于各种皮肤，干性及油性或中性皮肤都可以接受。粉底液的质地较轻薄，遮瑕能力比较强，上妆后的皮肤光泽度、滋润度都比较好。

图 4-3-2　粉底液

（2）粉霜（图4-3-3）。粉霜是比粉底液略稠的液体状产品。其比较适用于冬天的妆容。粉霜的保湿性较强，非常适合干性皮肤。

图 4-3-3 粉霜

（3）粉膏（图 4-3-4）。粉膏是介于粉底液与粉饼之间的产品。它比粉底液固体物质更多，却也比粉饼更湿润。粉膏的遮盖力较强，比较适合脸部瑕疵多的人。

图 4-3-4 粉膏

（4）粉饼（图 4-3-5）。粉饼的形态是固体，是由干粉压成饼状的底妆产品。粉饼的种类有干用、湿用和干湿两用型。与粉底液相比，粉饼更适合在夏季使用。夏季皮肤比较容易出汗、出油，可以用粉饼营造亚光的妆感。它的吸汗力遮盖力都非常好。

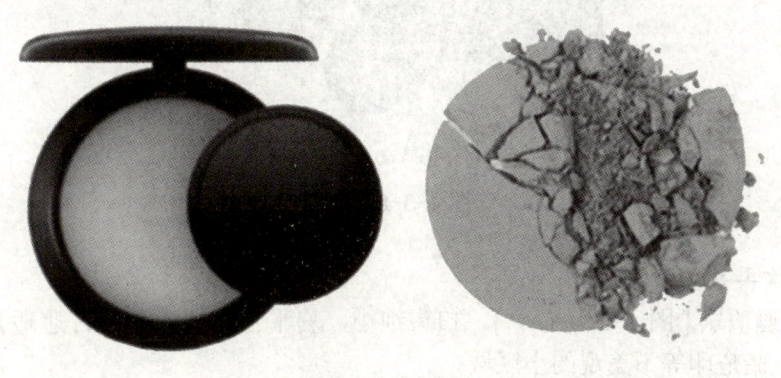

图 4-3-5 粉饼

（5）散粉（图4-3-6）。散粉的作用与其他几款底妆产品不同，它本身不具有增白调整肤色的作用。它的主要作用是定妆。在整个妆容完成之后，可以用散粉来提高妆面的持久度。散粉是油性皮肤的最爱。另外，散粉也起到轻微调色的作用。

（6）蜜粉饼（图4-3-7）。蜜粉饼是由散粉压制而成的饼状底妆产品。不同于粉饼妆效的厚重，蜜粉饼的妆效与散粉相同，是轻薄的。保持着很高的湿度，帮助抑制上妆后会变暗沉的粉底，并且不同颜色能起到不同的中和肌肤色调，提亮肤色的作用。蜜粉饼便于携带，非常适合外出补妆。

图 4-3-6　散粉 　　　　　　　　　图 4-3-7　蜜粉饼

（7）遮瑕（图4-3-8）。当肌肤有较大的瑕疵，如痘印、黑眼圈时，单单靠上述的底妆产品无法完全盖住时，便需要遮瑕产品了。遮瑕产品不适合大面积涂用，较为厚重，遮盖瑕疵十分不错。很多遮瑕产品都有不同颜色，使用时以深色打底，再覆上浅色，往往会取得不错的效果。

图 4-3-8　遮瑕

2. 底妆工具

（1）遮瑕刷 [图4-3-9（a）]。扫头细小，扁平且略硬，蘸少许遮瑕膏后涂盖面部的斑点、暗疮印等不美观的小区域。

(2) 扇形刷 [图 4-3-9（b）]。刷头毛排列为扇形，主要用于扫除脸部化妆时多余的脂粉和眼影粉。

(3) 斜角刷 [图 4-3-9（c）]。刷头毛排列为一斜角形，可轻易地随颧骨曲线滑动，用于勾勒面部轮廓。

(4) 粉底刷 [图 4-3-9（d）]。毛质柔软细滑，附着力好，能均匀地吸取粉底涂于面部，功能相当于湿粉扑，是涂抹粉底的最佳工具。

(5) 散粉刷 [图 4-3-9（e）]。化妆扫系列中扫形较大，圆形扫头，刷毛较长且蓬松，便于轻柔地、均匀地涂抹蜜粉。

(6) 湿粉扑 [图 4-3-9（f）]。多形状的海绵块，蘸上粉底直接涂印于面部，绵块可触及各个面部角落，使妆面均匀柔和，是层层涂抹化妆品的最佳工具。

(7) 干粉扑 [图 4-3-9（g）]。丝绒或棉布材料，粉扑上有个手指环，便于抓牢不易脱落，可防止手出汗直接接触面部，蘸上蜜粉可直接印扑于面部，使肤质不油腻反光，均匀柔和。

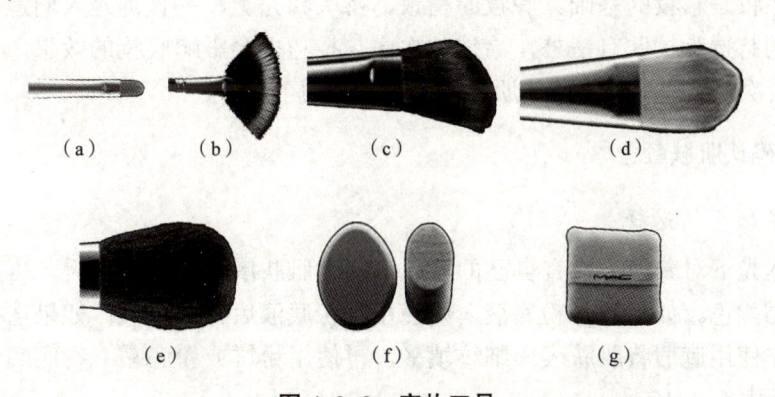

图 4-3-9 底妆工具
（a）遮瑕刷；（b）扇形刷；（c）斜角刷；（d）粉底刷；
（e）散粉刷；（f）湿粉扑；（g）干粉扑

（二）不同肤质的自然底妆技巧

1. 油性皮肤

油性皮肤的人群，在做完基础保养后，建议选用较为轻薄、透气、控油的隔离产品，如透明材质控油的隔离。有很多油性肌肤的人认为自己皮肤易出油，就不敢使用粉底液，而直接涂抹散粉或粉饼，其实油性肌肤人群在选择粉底产品的时候，可以选用一些较为轻薄、控油的粉底液；在粉饼的选择上，也应选择轻薄、控油的质地。

2. 干性皮肤

干性皮肤的人群，在做完基础保养润肤之后，应待保养品稍微吸收，然后挑选一款保湿度、滋润性较高且易于涂抹开的隔离霜涂抹于整个面部。粉底产品建议挑选滋养水润的粉底液或含有保湿精华成分的粉底液，这样的底妆才能保湿持久；粉饼建议选用粉质细腻和柔滑的质地。

3. 中性皮肤

中性皮肤可以说是最理想的肤质了,在选择底妆用品时可选的范围较广。但隔离霜不要选用有过多修容成分的。而在粉底液的选择上,选用质地柔滑稍带滋润的粉底液即可。

4. 敏感性皮肤

敏感性皮肤的人群,由于肌肤容易过敏,极易出现红肿、瘙痒、长痘等现象,在选择保养品时应特别小心,日常的护理也极其重要。在选择彩妆品时,无论是隔离还是粉底,都应选择不刺激、亲肤的产品,尽量选用一些天然植物成分较多、无香精或是一些药妆品牌。

二、细腻底妆的打造

基础底妆是彩妆的基础。底妆的精致、持久和完美,一直都是人们追求的目标。细腻底妆的打造除护肤有法外,涂抹的次序与技巧也会影响底妆的效果。一般来说,底妆的打造次序主要可分为确认肌肤颜色和定妆两个环节。

(一)确认肌肤颜色

1. 粉底颜色的选择

在自然光下对着镜子检查自己的肌肤,确定肌肤属于哪种肤色后,再选择最适合自己的底霜颜色。如果选择粉底液,则使用完粉底液后再上遮瑕;如果选择粉饼或粉底霜,则先使用遮瑕将肌肤表面细纹填平,再使用粉饼或粉底霜。粉底颜色的选择可具体可参见表4-3-1。

表 4-3-1 粉底颜色的选择

自身肤色	控制粉底颜色	效果	再叠加的粉
较红的肌肤1	绿	去除红光	自然系
较红的肌肤2	黄	增加黄光	土黄色
黄色肌肤	紫	加红光 去黄光	粉红系 自然系
血色差的肌肤1	橘黄	加橘黄	自然系
血色差的肌肤2	粉红	加粉红	粉红系
黄色且血色差的肌肤	蓝	去除黄光	自然系

在选择粉底的时候,无论是白皙肌肤、暗黄肌肤或是小麦色健康肌肤,都需试用,最好能在面部试用,而不要在手上试用。粉底的颜色必须与自身面部颈部肤色接近,不要一味地追求肤色变白,而选择不适合的色号,否则只会出现反效果,使面部颜色变得更加暗沉灰暗。

2. 粉底液的使用方法

粉底液涂抹方式如图 4-3-10 所示，具体步骤如下：

（1）将粉底液涂抹在面部额头、下巴、面颊、鼻子五个点上。

（2）按照由里向外，额头处从中间往两边，脸颊向下 45 度，鼻子、下巴与人中处由上而下的方式推开粉底液。操作时最好使用两个手指，这样粉底液会更均匀，切不可反复涂抹。若某个部位毛孔较粗大，可再取少量粉底液轻轻拍打，使之融入肌肤，而后用手指由内向外推开。

（3）涂抹眼部下方粉底液时，双眼向上看，由内侧向外侧，以轻压的方式将粉底液涂抹均匀。注意：眼部肌肤很薄，不可涂太厚的粉底液，否则易长出皱纹。

（4）面部肌肤的粉底液已涂抹均匀，鼻翼处也不可忽视。取一小点粉底液在鼻梁上，然后用手横向推开，这样可令鼻翼处的粉底液更薄，营造出一种透亮的感觉。注意：粉底液要涂得均匀，粉底液与肌肤的交界处需过渡得自然，在推开粉底液时，要逐渐向颈部、耳后、发际、上额淡去，不要形成明显的交界线。

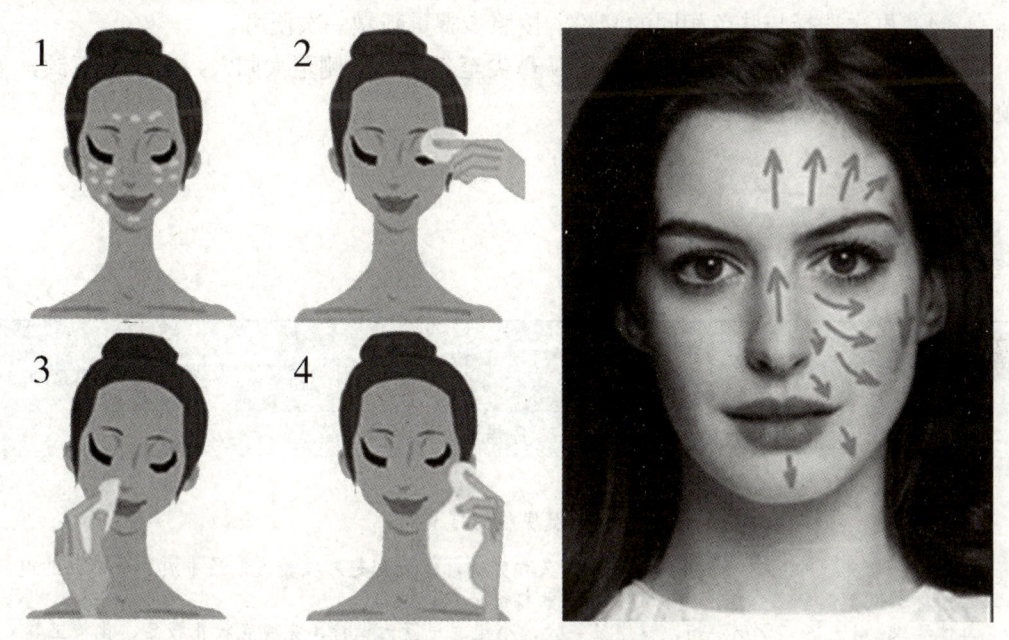

图 4-3-10　粉底液涂抹方式

（二）定妆

1. 定妆蜜粉

蜜粉可全面调整肤色，令妆容更持久、柔滑细致，并可防止脱妆。蜜粉一般可分为透明粉、彩色粉、亚光粉和闪光粉。

透明粉往往只为皮肤带来干爽的效果，不会改变皮肤颜色。

彩色粉有偏白、偏粉、偏绿、偏紫、偏黄等颜色。白色蜜粉可让脸庞不突出、脸庞过瘦的脸型获得完美的改善；粉红色蜜粉可让肤色较白、没有血色的肌肤呈现红润的健康状态；绿色蜜粉可使肌肤显得光滑自然、白皙透明；紫色蜜粉可令皮肤白皙粉嫩，散发红润光泽；黄色蜜粉可让肤质显得细致。

相对于亚光粉而言，闪光粉内含闪光微粒，适量使用后可带来皮肤的光泽感，增加皮肤亮度。

另外，定妆BB蜜粉能有效遮盖肌肤各种瑕疵，令肤色白皙自然、均匀柔滑、防水防汗。

2. 定妆蜜粉的使用方法

（1）选择比肤色浅两号的蜜粉定妆，先将眼睛下方的蜜粉扑上，用手指抚平下眼睑、眼袋或细纹后，再扑上适量蜜粉。

（2）把上眼皮的粉底推匀，扑上蜜粉。

（3）从鼻尖往两眉间至额头、从下颌往两颊与耳朵方向扑，蜜粉全部扑好后，采用轻拍的方式将之前扑上蜜粉的部位再拍一次。

（4）再次选择与肤色相同的蜜粉，按照步骤重新做一次便可。

（5）将粉扑上多余的蜜粉擦掉，从鼻尖至额头，鼻侧至太阳穴，人中至下颌，下颌至两颊，全部重新按压。

任务实施

专业		班级	
姓名		小组成员	
任务描述			
细腻底妆的打造 　　底妆是一切美丽的基础。底妆的精致、持久和完美，一直都是彩妆美人们最本质和最挑剔的追求。请你与队员们分工合作，完成细腻底妆的打造。 　　具体要求：4~6名学生一组，设组长一人，小组成员互为模特，完成底妆化妆品、化妆工具的选择，粉底的选择与打造，定妆的选择与打造			
实训目标			
知识目标	能力目标		素养目标
1. 了解底妆化妆品的种类和特点； 2. 掌握底妆工具的特点和使用方法； 3. 掌握底妆流程与方法	1. 能够根据肤质特点选择恰当的底妆化妆品和化妆工具； 2. 能够使用遮瑕刷、粉底刷、散粉刷等工具完成底妆打造		1. 培养学生人文关怀理念； 2. 培养学生职业素养

续表

实施过程
一、底妆化妆品与化妆工具 1. 化妆品的选择 2. 化妆工具的选择 二、粉底 1. 颜色的选择 2. 使用方法 三、定妆 1. 颜色的选择 2. 使用方法

考核评分				
考核任务	考核内容	考核标准	配分	得分
细腻底妆的打造（100分）	底妆化妆品和工具（30）	底妆化妆品选择恰当	15	
		底妆工具选择恰当，使用流畅	15	
	粉底（40）	颜色选择适宜	10	
		使用方法恰当	20	
		涂抹效果均匀、自然	10	
	定妆（30）	颜色选择适宜	15	
		使用方法恰当	15	
个人成绩：				

评价		
自我评价	小组评价	教师评价

知识拓展

如何让底妆更服帖

日常生活中化妆时经常会遇到底妆不服帖、浮粉、卡粉等现象，其最大原因就是皮肤状态不好、比较干燥，还有就是粉底液不适合自己的肤质等，而不同的原因要用不同的方法解决。

一、皮肤干燥导致上妆不服帖

皮肤干燥是上妆不服帖的最根本的原因（图4-3-11）。当人们涂抹粉底液时，干燥缺乏水分的肌肤无法与底妆融合，从而会出现浮粉、卡粉的现象。

图4-3-11　皮肤干燥，上妆卡粉

解决办法：日常除多喝水、多吃水果外，建议选用保湿型较高的护肤品护理，并且在冬季可适当加入面霜、保湿精华使用。如果想要快速急救，上底妆前可先敷上一片保湿面膜或水膜起到快速为肌肤补充水分的作用。

二、角质层过厚导致上妆不服帖

人体新陈代谢的同时会产生角质，也就是常说的死皮，而过厚的角质层或是老化的角质容易浮在肌肤表层，上完粉底液之后会发现角质浮起的现象会更加明显，底妆不能与肌肤贴合。

解决办法：定期每月三到四次去角质，将肌肤表层老化、过厚的角质定期清除，这样对人们护肤更有效果，底妆也更加服帖。

三、粉底过干导致上妆不服帖

底妆产品中的粉底膏、粉底条、粉饼都是偏干的底妆，涂抹在脸上后会迅速吸收肌肤水分，从而会引起卡粉等现象。

解决办法：粉底过干可以与乳液、精华等混合上妆，或是在上妆前在面部涂抹一点护肤油，按摩吸收后再上妆。

四、错误的上妆方法导致上妆不服帖

如果本身皮肤条件不错，还是会出现底妆不服帖的问题，那么就是上妆方法出现了问题。

解决办法：皮肤本身偏干性的女生，建议使用沾湿了的海绵或美妆蛋上妆（图 4-3-12），可以提高底妆的服帖度。如果一定要用粉底刷上妆，建议在使用粉底刷后再用粉扑按压一次，使底妆与肌肤更加贴合。

图 4-3-12　美妆蛋

任务四　精致眉妆的打造

新知导入

视频：精致眉妆的打造

一、眉妆的选择

化妆中很容易被人忽略的一个部分就是眉妆，不画眉妆真的没关系吗？其实在化妆过程中，最不能忽视的就是眉妆，没有了眉妆再精致的妆容也毫无精神感。

眉毛是一个不可忽视的部分，其形状、粗细和颜色都会影响一个人的面相，因此，选择恰当的化妆品和化妆工具修饰眉毛也至关重要（图 4-4-1）。

图 4-4-1　眉妆打造

（一）眉部化妆品

1. 眉笔

眉笔是最常见的眉毛产品，可以调整眉形、强调眉色，使面部整体协调[图4-4-2（a）]。使用时，眉笔应该足够的柔软，质地柔滑而不应该觉得肌肤有被拉扯的感觉。

2. 眉粉

眉粉功能与眉笔一样，区别在于眉粉是粉状的盒形包装[图4-4-2（b）]。亚光的眉粉可以明显地填补眉毛间的空隙以辅助修饰眉形。眉粉有非常自然的效果，上色持久且用途多样，可单独使用，也可在眉笔后用来固定妆容。

3. 眉膏

眉膏是用刷子上妆且高度上色的膏状产品，遮盖力极佳，能快速给眉毛上色和定型[图4-4-2（c）]。深色眉毛膏可加强眉毛的浓密度，浅色眉毛膏可减淡眉毛的颜色；眉膏还可以理顺不平整的眉毛，使眉毛立体有型。

（a）　　　　　　　　（b）　　　　　　　　（c）

图 4-4-2　眉部化妆品
（a）眉笔；（b）眉粉；（c）眉膏

（二）眉妆工具

1. 眉刀

眉刀，又名修眉刀、刮眉刀，是一种美容工具，通常选用优质塑料和刀片制作而成[图4-4-3（a）]。修眉刀能帮助修除多余的眉毛，轻轻不留痕迹，刀头小巧易于掌握能有效修整美眉，带有防护网，以免弄伤娇嫩的肌肤。修眉刀根据人的生理特点设计，手感好，质感好，使用方便简单，能够修出完美的眉形角度。修眉时根据所修眉毛的部位用力适度地握住眉刀的部分，另一只手的手指按住眉毛上方，拉紧皮肤，这样不会有疼痛感。

2. 眉夹

眉夹，用来修理眉毛的工具，在造型上有所差异，是根据人的手部用力程度而精心设计的，在钳去眉毛的同时，不会让自己手觉得酸软[图4-4-3（b）]。选择眉夹时，钳头应平整，没有空隙，钳身不能太短，否则使不上力。眉夹口最好是斜面的，便于控制和操作。

3. 眉剪和眉梳

眉剪和眉梳都是修整眉毛的工具[图4-4-3（c）、（d）]。用眉梳把眉毛从下往上梳，并使用眉剪的刀刃与眉毛下方平行，将超出的毛发剪短。再用眉梳从上向下梳，将眉毛下方过长的毛发剪短并修整。眉剪其实还有很多作用，可以修剪双眼皮贴的形状，也可以修剪假睫毛，所以，眉剪是一个必不可少的工具。

4. 眉刷

修眉或描眉之前先用眉刷扫掉眉毛上的毛屑，刷出理想的眉毛走势；画眉之后用眉刷沿眉毛方向轻梳，使眉色深浅一致，自然协调[图4-4-3（e）]。眉刷的造型也有好几种，如牙刷形、螺旋形和斜角形。

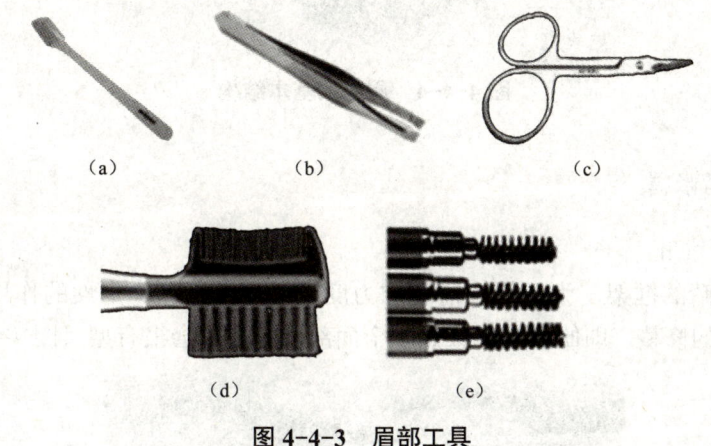

图 4-4-3　眉部工具
（a）眉刀；（b）眉夹；（c）眉剪；（d）眉梳；（e）眉刷

二、眉妆的日常打造

精致的眉妆，会让整修的面容更有立体感。日常眉妆的打造主要可分为日常修眉和日常画眉两部分。

（一）眉形的基本结构

眉形主要由眉头、眉峰、眉腰、眉尾和眉间 5 部分构成（图4-4-4）。

（1）眉头：在鼻翼外侧与内眼角的垂直延长线上，下方的眉毛就是眉头的基准点。

（2）眉峰：在眉骨上方，位于鼻翼外侧与瞳孔外缘的延长线上，约为眉毛2/3处，修剪时注意两侧眉毛的眉峰高度一致。

（3）眉腰：位于眉头与眉峰之间的部分称为眉腰，眉腰是一条比较直的线条。

（4）眉尾：位于鼻翼外侧与外眼角的延长线上，眉头到眉尾颜色逐渐加深，眉头要低于眉尾或与眉尾在一条水平线上。

（5）眉间：位于双眉中间的部位，如有杂毛也需要剔除干净。

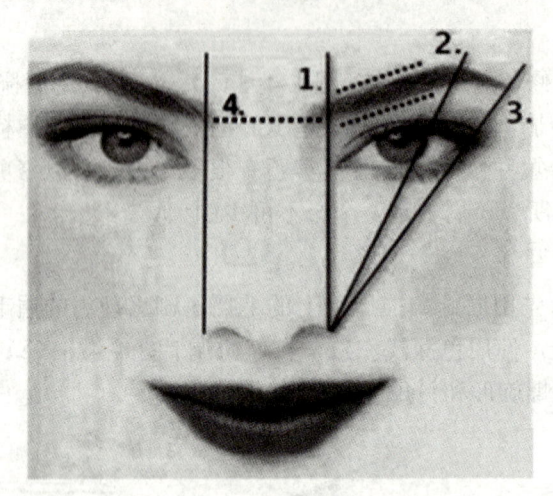

图 4-4-4　眉形的基本结构

（二）日常修眉

1. 修眉的作用

眉毛是眼睛的框架，为面部表情增加力度，对面部起到决定性的作用。只要你的眉毛经过很好的修整，即便没有化妆，整个面部看上去也会很有型（图 4-4-5）。

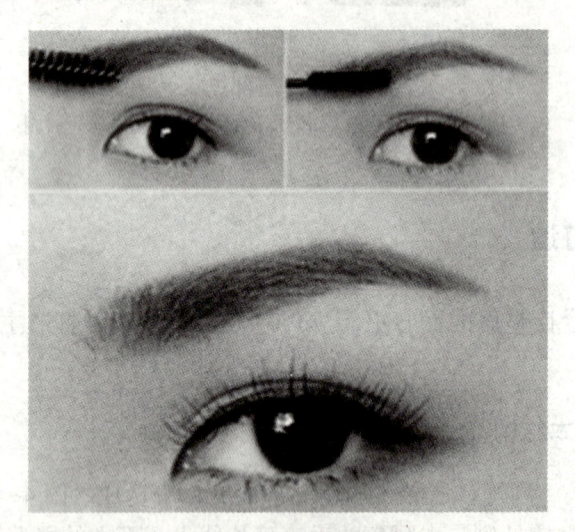

图 4-4-5　修眉的作用

2. 日常修眉的步骤

（1）准备修眉用具。修眉前，准备好眉刀、眉笔、眉刷、镜子、眉剪、滋润乳液和化妆棒等修眉用具。

（2）眉毛清洁。对着镜子用小眉刷轻刷双眉，以除去粉剂及皮屑。用化妆棒蘸取酒精或收敛性皮肤水，涂抹眉毛及其周围，使之清洁。用温水浸湿的棉球或热毛巾盖住双眉，使眉毛所在部位的皮肤组织松软，使用柔软剂也能使眉毛及其周围的皮肤松软，作为修拔眉毛前的准备。

（3）确定眉型。依据自身特点设计适合自己的眉型。具体方法如下：

1）根据面部的长宽比例确定眉毛是平的还是挑的。如果要将脸型拉长，则可以把眉毛画挑一点；如果脸型较长，则可以把眉毛画平一点。

2）根据内轮廓确定眉峰的位置。

3）根据脸部的直曲确定眉峰的弧度。主要看颧骨和下颌骨部位，考虑把眉峰画陡峭一点还是画平缓一点。遵循"方破圆、圆破方"的原则，即脸孔的曲线多，眉形可以增加一些棱角感和轮廓感；如果脸孔已经很有轮廓感了，眉峰可以更加平滑一点。

只要遵循这三个要素，就可以确定眉毛是画平的还是画挑的，确定了眉峰的位置、眉峰的弧度，则确定了眉形。

（4）眉笔或眉粉画出理想的眉型。用与发色相似颜色的眉笔或眉粉按照记号轻轻勾勒出自己满意的眉型后，再开始修眉，提高准确度。

（5）修整眉毛形状、修剪过长的眉毛。用修眉刀由上往下除去眉毛下面多余的杂毛，让眉形清晰起来。注意要慢慢修，不要一次除去太多的眉毛，以免破坏眉形。再用修眉刀由上往下除去眉尾处多余的杂毛，可以适当把眉尾修得尖细一点。同样的方法，用修眉刀由上往下除去眉头部位多余的杂毛。用修眉刀的背部按压睫毛，超出修眉刀的部分截断即可，这样可以修去过长的眉毛。眉毛修整完成后，要用刷子蘸取少量的蜜粉扫去多余的眉毛，完美的眉形即可修好。

（三）日常画眉

1. 画眉的作用

眉毛是化妆中具有艺术性的一个环节，它能修饰脸部轮廓和明媚的神采，对眉妆来说，仅仅修剪眉毛是远远不够的，还要学会画眉（图4-4-6）。画眉好似在秀美的基础上进行的局部美化工作，其主要是为了进一步突出眉部的立体感，使之与整体妆容协同统一。

图 4-4-6　日常画眉

2. 日常画眉的步骤

（1）用眉刷将眉毛刷顺。

（2）蘸取少量浅色眉粉，轻刷眉毛做打底色。

（3）将中间色与深色眉粉混合，描画眉峰到眉尾。

（4）用淡色系染眉膏在眉毛上来回刷，使眉毛均匀着色后再刷出柔顺的眉型。

（5）如眉色过浅，则可选择眉笔搭配眉刷的画法。

1）用眉刷蘸取眉粉，勾勒轮廓的眉刷以偏硬为主，眉粉颜色靠近发色为宜，从眉尾开始自然过渡到眉头，颜色逐渐变浅。

2）偏软的刷头蘸取深色眉粉填色，注意下笔从眉中部开始，从中间晕染至眉头，可使眉头颜色最浅，再填充空余部分。

3）眉粉搭配眉刷可塑造自然的眉型。

3. 不同脸型眉毛的画法

（1）柔和的眉型。椭圆形脸适合搭配标准眉型，眉头与内眼角垂直，基眉尖于主体，在同一水平线上，这种眉型能更加烘托出椭圆形脸的优美。

（2）拉长脸型的眉型。圆脸适合高挑有力度的眉型，可从视觉上拉长较短的脸型，令圆柔的脸部曲线感觉亲近些。

（3）高挑柔和的眉型。方形脸适合高挑柔和的眉型，可令脸型拉长，缓和方型过于刚硬的线条，感觉柔和些。

（4）清秀的眉型。梨形脸，适合眉峰靠后，显得形状秀丽的眉型，可令宽大的下颌部分感觉窄一些，面部显得清秀。

（5）丰润的眉型。倒三角形脸适合水平稍短的眉形，可令过于尖窄的脸下部显得丰润，并令脸型略微宽些。

三、眉毛的矫正修饰

除标准眉型外，生活中常见的眉型有向心眉、离心眉、吊眉、下垂眉、眉毛稀少、眉毛过于浓密、眉毛粗短、眉毛散乱、眉毛残缺等。

（一）向心眉

1. 眉型特征

向心眉的特征是两眉眉头过近，间距小于一只眼睛的长度。这种眉型显得五官紧凑，给人紧张的感觉。

2. 修饰要领

在修饰向心眉时，重点应将两眉的距离拉远，实现两眉头中间相距一只眼睛长度的视觉效果。

3. 矫正方式

（1）修眉。将眉头多余的眉毛剃掉，使两眉距离拉大；再将眉峰的位置向后移，眉尾处用眉钳与眉剪修细。

（2）画眉。眉尾至眉峰处可用眉膏或眉粉描画。再用眉粉由眉腰向眉头描画，使眉头的颜色淡一些。若眉毛长度不够，可用眉笔将眉尾向后拉长，以达到符合标准眉型的长度。

（二）离心眉

1. 眉型特征

离心眉的特征是两眉头的距离过远，超过一只眼睛的长度。这种眉型使五官显得分散。

2. 修饰要领

在修饰离心眉时，可将眉头向内调整，使两眉头距离靠近，以符合标准眉型的距离。

3. 矫正方式

（1）修眉。用眉刀将原眉峰剃掉，重新确定眉峰的位置，使新的眉峰向眉头处前移。

（2）画眉。用眉笔将两眉头向内调整，眉尾处保持原来的长度，不必刻意拉长眉尾。

（三）吊眉

1. 眉型特征

吊眉的特征是从眉峰到眉尾处向上扬起，眉头明显低于眉尾。吊眉显得人精明、时尚，但过于吊起的眉毛缺乏和蔼的感觉，让人感觉难以接近。

2. 修饰要领

在修饰吊眉时，应将眉头与眉尾处的高度进行重新调整，使眉头呈略低于眉尾的状态。

3. 矫正方式

（1）修眉。将眉头下方的眉毛除去，使眉头有向上提升的感觉，再将眉峰至眉尾处的眉毛向下压低，使眉头与眉尾处的高度差缩小。

（2）画眉。修眉后，眉头可能略显细，可用眉笔按照眉头眉毛的生长方向一根一根地描画，将眉头加粗，眉腰至眉尾按照修饰后的轮廓形状加深颜色即可。

（四）下垂眉

1. 眉型特征

眉尾的高度低于眉头，俗称"八字眉"。轻微下垂的眉毛显得人和蔼亲切，但过于下垂的眉毛会使人显得忧郁、苦闷且苍老。

2. 修饰要领

下垂眉的修饰重点应放在改变其下垂的眉尾上，使其位置尽量抬高。

3. 矫正方式

（1）修眉。去除眉头上方的眉毛，使眉头的高度降低，再将眉尾下方下垂的眉毛剪短，使眉尾高度上升。

（2）画眉。用眉笔将眉头与眉尾处因剃眉出现的残缺按照眉毛的自然生长方向填补整齐，眉尾处适当平行地向后拉长。

（五）眉毛稀少

1. 眉型特征

眉毛稀疏且颜色浅淡，使人显得无精打采。

2. 修饰要领

眉毛稀少的人应先将轮廓修整出来，再进行描画。

3. 矫正方式

（1）修眉。用修眉工具在原来眉型的基础上按照标准眉型或根据自身的脸型进行修剪。

（2）画眉。用眉笔勾勒出整个眉型，再扫上眉粉使整个眉毛看起来自然生动，眉尾处应用眉笔重点描画，突出其线条。

（六）眉毛过于浓密

1. 眉型特征

眉毛粗且浓，颜色较深。浓密的眉毛使五官显得清晰，男士的眉毛浓密能够突出男性的典型特征，而女士的眉毛过于浓密，则缺乏柔美的感觉。

2. 修饰要领

眉毛过于浓密的人在修饰时应注重遮盖原本浓密的眉毛，使其变得柔和自然。

3. 矫正方式

（1）修眉。眉毛粗浓的人在修眉的时候，选择的空间比较大，可以修出各种理想的眉型。可根据自身的脸型或妆面的要求，设计出适合的眉型轮廓，按照此轮廓用修眉工具修饰。

（2）画眉。如果修饰之后眉毛颜色仍然显得过深，则可以先用定妆粉遮盖，再用灰色、棕色等与自身头发接近的颜色的眉笔或眉粉进行描画。

（七）眉毛粗短

1. 眉型特征

眉毛的长度短于标准眉型的比例要求，但宽度加大，眉峰不明显。女士拥有粗短的眉型会缺乏亲和力，显得男性化。

2. 修饰要领

眉毛粗短的人在修饰眉毛时，应加长眉毛的长度。缩短眉毛的宽度，同时将眉峰突出，使整个眉型柔和立体。

3. 矫正方式

（1）修眉。眉型粗短的人在矫正时，先按照标准眉型的要求将眉头上方、眉尾下方多余的眉毛剃除、剪掉，再将眉峰的形状突出出来。

（2）画眉。用眉笔将眉尾加长到合适的长度。

（八）眉毛散乱

1. 眉型特征

散乱眉毛的生长方向比较杂乱，与正常的生长方向不同。此种眉型缺乏立体感和轮廓感，使面部五官不够清晰、干净。

2. 修饰要领

眉毛散乱的修饰重点在于描画。

3. 矫正方式

（1）修眉。按照标准眉型的要求将多余眉毛剃除、剪掉，将基本眉型的形状突出出来。

（2）画眉。用快干的睫毛膏或眉部专用的胶水按照标准眉毛的生长方向整理，之后再用眉笔调整颜色。

（九）眉毛残缺

1. 眉型特征

眉毛残缺的眉型个别部位出现眉毛缺失。

2. 修饰要领

眉毛残缺的人在修饰眉型时，重点在于眉型的确定。

3. 矫正方式

（1）修眉。先用眉笔勾勒出基本眉型，再用修眉工具进行修整。

（2）画眉。用眉笔或眉粉对整条眉毛进行描画，重点填补残缺之处。

任务实施

专业		班级	
姓名		小组成员	|牌
任务描述			
精致眉妆的打造 眉妆的打造对于整体妆容风格的呈现有着很直接的影响，不同的眉妆风格化妆技巧也有不同。请你与队员们分工合作，完成精致眉妆的打造。 具体要求：4～6名学生一组，设组长一人，小组成员互为模特，完成眉妆化妆品与眉妆工具的选择，修眉与画眉			
实训目标			
知识目标		能力目标	素养目标
1. 了解眉妆化妆品的种类和特点； 2. 掌握眉妆工具的特点和使用方法； 3. 掌握标准眉形的判定方法		1. 能够选择恰当的眉妆化妆品和眉妆工具； 2. 能够使用眉刀、眉夹等工具进行日常修眉和画眉	1. 培养学生正确的人生观与价值观； 2. 培养学生人文关怀理念
实施过程			

一、眉妆化妆品与眉妆工具
1. 眉妆化妆品的选择

2. 眉妆工具的选择

二、修眉
1. 眉毛的清洁

2. 眉型的确定与勾画

3. 眉毛的修整

三、画眉
1. 根据脸型特点选择眉型

2. 画眉过程

续表

考核评分					
考核任务	考核内容	考核标准	配分	得分
精致眉妆的打造（100分）	眉妆化妆品与眉妆工具（20）	眉妆化妆品选择恰当	10	
		眉妆工具选择恰当，使用流畅	10	
	修眉（40）	眉毛清洁得当	5	
		眉型设计合理，勾画理想	15	
		修整过程流畅	15	
		眉型修整自然	5	
	画眉（40）	根据脸型特点选择恰当的眉型	10	
		画眉过程流畅	15	
		眉型与脸型相配，能够修饰脸型	15	

个人成绩：

评价		
自我评价	小组评价	教师评价

知识拓展

中国古代眉妆

"云想衣裳花想容"。服饰和化妆自古就是女子生命中的重要内容，也是时尚最外在的表现。"两弯似蹙非蹙罥烟眉，一双似喜非喜含情目"——《红楼梦》中，宝黛的初次相见给宝玉印象最深的，就是林黛玉的眉毛和眼睛。作为五官中的"配角"，眉毛总在无声之间表达出人的内心世界。

画眉之风起于战国，流行于全国许多地区。最早的"眉笔"随手可得，用柳枝烧焦后涂在眉毛上。时至今日，"蛾眉""粉黛"仍是美女的代称。

1. 汉代

汉代是中国古代眉妆的第一个繁盛时期。这一时期出现了长眉、远山眉、八字眉、惊翠眉、愁眉、广眉等。

2. 春秋

春秋时期的第一个大美女庄姜，"螓首蛾眉，巧笑倩兮"（《诗经·卫风·硕人》），这对像蚕蛾触须那样细长而弯曲的眉毛，成为后世女子追求的主流。

新月眉也称女眉，眉毛整齐美丽而修长，眉头和眉尾有曲线，犹如一弯新月。新月眉高而不压眼，秀长有光彩。

3. 战国

战国时女性妆容的基本特点是"粉白黛黑"。从"娥眉曼只""曲眉规只""青色直眉"（屈原《楚辞·大招》）可以看出，那时候，她们已经开始修饰自己的眉毛了。

4. 元朝

元眉，顾名思义就是元朝时期的眉妆，那时候人们只会画一种眉型——一字眉。但是彼一字眉非此一字眉，那时候的一字眉以细长、平齐为主，不像现在粗粗的一字眉。

5. 唐朝

（1）初唐时期，细长渐阔。初唐女性既画细眉又画阔眉，且阔眉越来越成为女性所追求的时尚眉妆，在多种因素下，孕育着唐代新时代特征的风貌。

1）水弯眉。顾名思义就是弯弯的眉，特别有灵性调皮的眉形，活泼可爱。

2）柳叶眉。顾名思义就是眉毛两头尖，呈柳叶形。柳叶细眉，温柔体贴。

（2）晚唐时期，桂叶眉、远山眉、秋娘眉逐渐时尚起来。

1）桂叶眉：形如桂叶，形阔色浓，呈现出渐细的趋势。

2）远山眉：始于卓文君，眉形细长，眉峰上挑，给人远山缥缈的感觉。

3）秋娘眉：因美似烟花杜秋娘而得名，她的眉形叫作"秋娘眉"，清爽端庄，温柔恬静。

不同时期眉形如图 4-4-7 所示。

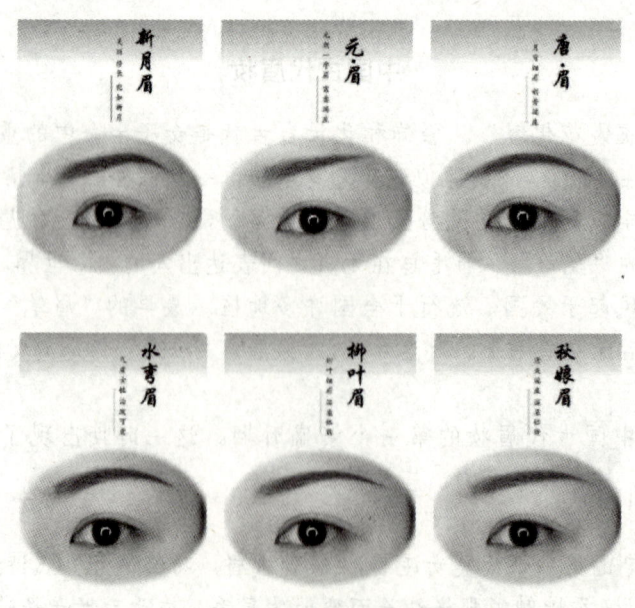

图 4-4-7　不同时期眉形

任务五　完美眼妆的打造

新知导入

视频：完美眼妆的打造

一、眼妆的选择

俗话说眼睛是心灵的窗户，从"画龙点睛"这个成语，也可见眼妆的重要程度。在眼睛及眼睛周围部分上妆，可以让眼睛更加明亮立体，使整体妆容达到漂亮的效果。眼睛是五官中最重要的器官，眼睛周围的肌肤也是面部最为娇嫩的。因此，在打造眼妆、选择眼部化妆品时一定要慎重。

（一）眼部化妆品

1. 眼影

眼影是用于眼部周围的化妆品，主要有粉末状、棒状、膏状、眼影乳液状和铅笔状，颜色也十分多样。其首要作用就是透过色彩的张力赋予眼部立体感，并可改善或强调眼部凹凸结构，修饰眼部轮廓，加强眼睛的神采。

2. 眼线

眼线可以使眼部轮廓更加清晰。眼线的化妆工具主要有眼线笔、眼线液、眼线膏及眼线粉。现在比较常用的是眼线液及眼线膏。

3. 睫毛膏

睫毛膏是涂抹于睫毛的化妆品。其目的是使睫毛浓密、纤长、卷翘及加深睫毛的颜色。睫毛膏通常含刷子及内含涂抹用印色且可收纳刷子的管子两大部分。睫毛膏的刷子本身有弯曲型也有直立型，其质地可分为霜状、液状与膏状。

（二）眼妆工具

1. 眼影刷

眼影刷是将粉状眼影涂到眼睑时使用的一种化妆工具。手柄长、厚度薄、毛短的眼影刷可以在刷粉状眼影时使用，也可以在上下眼睑的粉状眼线及修饰时使用[图 4-5-1（a）]。

2. 眼线刷

眼线刷的刷头细长，毛质坚实，蘸适量的眼线膏、眼线粉涂抹眼睫毛根部，描画出满意的眼线[图 4-5-1（b）]。

3. 睫毛夹

睫毛放于夹子的中间,并控制睫毛夹来回压夹,使睫毛卷翘,增强轮廓立体感。睫毛夹上加有橡胶垫,可防止使用时睫毛断裂[图4-5-1(c)]。

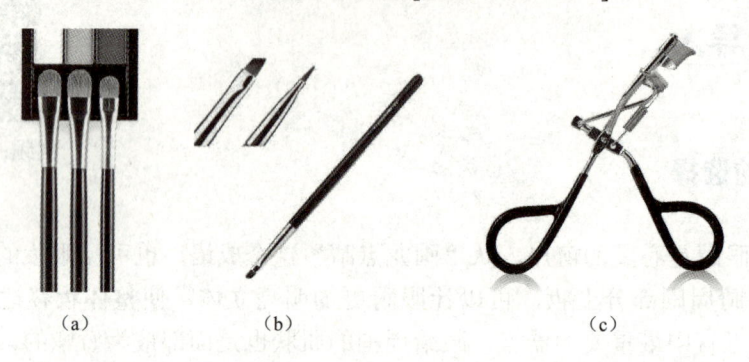

图 4-5-1 眼妆工具
(a) 眼影刷;(b) 眼线刷;(c) 睫毛夹

二、眼妆的日常打造

人类的眼型有很多种,不同的眼型有不同的特点,其化妆方法和技巧不可能千篇一律,在化妆中应根据其特点来选择不同的化妆方法。眼型的修饰主要通过画眼影、眼线和睫毛等方式来实现,不标准的眼型可以通过眼线的长短、高低、粗细,以及眼影的色彩、涂抹的部位加以修饰。化好眼妆,整个妆面就成功了一半。眼妆是整个妆面中最重要的一环,其在很大程度上决定了整个妆容的成败。所以,学习眼妆是学习化妆的重中之重。

(一)眼影

1. 眼影的选择

选择眼影时质地非常重要,因为是小范围地涂抹眼影,所以眼影的粉质一定要非常细腻。颗粒稍大的眼影易产生掉粉、晕染的情况,这样就无法精确地在眼部描画眼影。

通常选购眼影时,大家都会选购专柜已经搭配好的眼影盘,每个眼影盘都有4~5格的眼影,这4~5格的眼影通常都是一个色系的。眼影盘通常有全亚光眼影盘、全珠光眼影盘、亚光珠光在一起的眼影盘,而明暗结合的搭配才会有立体深邃的效果,比较适合选购。通常,亚光一般是这盒眼影盘中最深的颜色,珠光眼影可以是这个眼影盘中的提亮色,如白色、浅粉色,剩下的1~2种颜色,可以是珠光也可以是亚光。

另外,在蘸取眼影粉时不要过量,轻触一下即可,可多次反复蘸取,因为涂抹眼影的部分比较小,涂抹时也需要比较精细。

2. 眼影渐层的画法

(1) 选择浅色眼影,用平涂的手法,沿着睫毛根部向上晕染,到眼窝处颜色变浅消失,使其平铺于整个眼睑,色彩均匀自然。

（2）用深色眼影从睫毛根部开始以三等份的方式描画眼影，即将自眼线到眼窝的部分划分为三等份，最靠近眼线处的眼影色最深，逐渐向上颜色减淡。注意各层级色彩之间不能有明显的分界线，色彩过渡要自然。

（3）再用浅色眼影，在上眼睑深浅交接处晕染过渡。

（4）如果在描画眼影的过程中需要加深眼影色，同样要用三等份的方式描画眼影，但各等份处眼影描画的面积由浅到深逐渐缩小。一般在用渐层晕染法画眼影时，眼影色不宜超过三种颜色（图4-5-2）。

图 4-5-2　渐层法

（二）眼线

1. 眼线的选择

眼线笔是最传统的画眼线的工具，颜色选择比较全面且上色较容易。另外，由于它是笔状，所以操作起来比较容易，特别适合初学者使用。但是画的时候线条粗细不易掌握，并且容易晕妆及脱妆，大大提高了熊猫眼的概率。因此，现在使用较多的是眼线液，线条感相当明确、妆容持久、不易晕妆，但线条过细、不好塑形，由于是液体的原因，所以使用起来也有一定难度。再有一个就是眼线膏，目前认为它是最好用的一款眼线化妆工具，其特点是颜色鲜明，线条粗细比较好掌握，配合眼线刷使用容易上手，优点是持久性强、不容易花妆，颜色方面也有很多选择。

上述三款描绘眼线的工具结合起来使用效果会更好，因而在眼妆中都需要用到。眼线笔质地较软，好操作，可以用来描画内眼线（上睫毛根部靠下）的部分；眼线膏随意变化粗细线条，塑形最佳；眼线液则可以用来填补眼线空隙，或是在贴完假睫毛之后，在假睫毛根部容易漏胶的地方使用眼线液，效果非常好。

2. 眼线的画法

画眼线时可选用眼线笔或眼线液，根据不同的要求和搭配可以选择不同的化妆工具和画法。具体操作如下：

（1）要找准睫毛根部，可用手指指腹将眼皮拉起来，这样就可以看清楚睫毛根部，在睫毛根部描画有利于上妆，最重要的一点是画的时候要将睫毛缝隙填满，不能留出余白。

（2）一点一点地描画眼线，画的时候要仔细。眼线笔要贴着睫毛根部，这样可避免出现断点和弯曲现象，如果方向弯曲了，可用化妆棉调整未画好的地方。

（3）眼尾拉长眼线到眼角处时要轻微地向上扬起一点，这样画出的眼线可美化眼型，让眼型更加完美。画眼线时，只需在眼尾处稍稍向上拉长一点就可以了，上扬的这笔要流畅，一笔画到位。

（4）上眼线画完之后可使用化妆棉顺着眼线的边缘向外慢慢地晕染，让眼线和眼影之间有渐变的效果，这样眼睛看起来不仅自然而且更加深邃。

（5）下眼线在眼妆中起到呼应上眼线的作用，可以让眼睛看起来更大、更有神。画下眼线时重点在于上、下眼线的连接。在画下眼线末端时须让上、下眼线连接起来，并注意眼角空白处也要填满。

（6）细心地勾画眼头可使眼睛更漂亮，稍微拉起上眼皮露出眼头的位置，顺着眼头的弧度，用眼线笔细心勾画，也可适当延伸，使眼睛产生更长一点的效果。

（三）睫毛

1. 睫毛膏的选择

睫毛膏在挑选时，须关注其定型效果。若没有定型效果，很可能在夹卷睫毛、涂上睫毛膏后，由于睫毛膏本身的质量，会使睫毛下垂。所以，在专柜试用睫毛膏时，一定要慎重挑选。

2. 睫毛膏的画法

在使用睫毛膏涂抹时，应从睫毛根部以Z字形慢慢往上涂抹，这样可以使睫毛浓密、自然。

三、眼妆的矫正修饰

（一）向心眼

1. 眼型特征
向心眼是指两眼间距过近。

2. 矫正方式
在调整的时候把眼妆的重点放在眼睛的后半段，在视觉上尽量拉开两眼之间的距离，一定程度上调整了直观感受。

（二）离心眼

1. 眼型特征
离心眼是指两眼间距过远。

2. 矫正方式
在调整的时候应尽量拉近两眼之间的距离（主要通过对内眼角的化妆处理拉近两眼之间的距离），使眼睛更有神。

（三）高低眼

1. 眼型特征

高低眼是指两眼在高低上的位置有差别。

2. 矫正方式

在处理眼妆时，可通过眼影、眼线等工具将低的眼补高，高的眼压低，让两者尽量趋于平衡，不要通过单一的元素刻意地去调整这种差距，因为那会造成很明显的单一元素不对称的感觉。

（四）眼睛过肿

1. 眼型特征

眼睛过肿是指眼部外形肿胀突出。

2. 矫正方式

在调整的时候应尽量避免使用浅淡的暖色，否则容易造成更肿的感觉。可以用较深的颜色和冷色系的色彩，弱化眼睛在视觉上的"肿感"。

（五）大小眼

1. 眼型特征

大小眼是指双眼大小不一致，有些大小眼是因为眼皮有单双之分。

2. 矫正方式

大小眼矫正方式与高低眼的矫正方式比较类似，用美目贴来调整双眼。眼睛偏小的那只，美目贴的层数可略多些。

（六）单眼皮

1. 眼型特征

单眼皮也称单睑，眼皮无褶皱。纯粹的单眼皮是无法粘贴出双眼皮的，因为没有褶皱痕迹的存在，但可以通过睫毛的支撑和眼线、眼影的结合使眼睛变大。有些单眼皮本身就很好看，不一定要做过分的调整，保持原有的特点也很好。

2. 矫正方式

将美目贴贴在眼睑处，打造出双眼皮的效果。为了让眼睛看起来漂亮可多层粘贴，一直贴到眼型较为漂亮为止。

（七）圆形眼

1. 眼型特征

圆形眼是指内眼角间距小，眼睛弧度大。

2. 矫正方式

眼影晕染，强调色用于上眼皮的内外眼角，眼尾眼影色向外晕染，眼中部用眼影色收敛，忌用亮色，眉骨部位用亮色，下眼睑的眼尾用强调色向外晕染，把眼部拉长。上睫毛线的内眼角要描画得略宽，眼睛中部不宜平直而要细，外眼角拉长、加宽并上扬，下睫毛线的外眼角要描画得略宽，描画从外眼角向内的 1/2 部位。

（八）宽眼睑

1. 眼型特征

宽眼睑是指眼睑过宽，黑眼球比例变小。

2. 矫正方式

用深色眼影贴近睫毛根部向外晕染，眉骨下方用亮色。

（九）细眼

1. 眼型特征

细眼是指眼睛细而长，总有眯眼的感觉。

2. 矫正方式

眼影晕染宜选用偏暖色眼影强调，采用水平晕染方法，上眼睑的眼影由离眼睑边缘 2 mm 的部位向上晕染，下眼睑部位从睫毛外侧向下晕染得略宽些。

（十）下垂眼

1. 眼型特征

下垂眼是指内眼角高于外眼角的眼型。

2. 矫正方式

将美目贴胶带剪成半牙形，长短宽窄要依据眼型，将其贴在外眼角处的双眼睑褶皱上，可使眼尾适当向上提升。

（十一）上吊眼

1. 眼型特征

上吊眼是指内眼角低，外眼角高，眼尾上扬。

2. 矫正方式

眼影晕染，内眼角选用强调色和浅亮色，外眼角用偏暗的颜色，下眼尾部位也用强调色。

（十二）其他眼型

除以上阐述的 11 种眼型外，可能还会有其他特殊眼型，无论是哪种眼型的描画，都可结合以上的画法进行调整，但应该考虑到与化妆整体格调的统一。

任务实施

专业		班级	
姓名		小组成员	

任务描述
完美眼妆的打造
眼睛是心灵的窗户,如果说美丽是全身搭配出来的一幅画作,那么眼妆绝对算得上是这幅画的点睛之笔,眼妆的好坏直接决定着整体形象。请你与队员们分工合作,完成完美眼妆的打造。 　　具体要求:2~3名学生一组,设组长一人,小组成员互为模特,完成眼妆化妆品与眼妆工具的选择,眼妆的日常打造与矫正修饰

实训目标		
知识目标	能力目标	素养目标
1.了解眼妆化妆品的种类和特点; 2.掌握眼妆工具的特点和使用方法; 3.掌握渐层法眼影的画法	1.能够选择恰当的眼妆化妆品和眼妆工具; 2.能够使用眼影刷、眼线刷等工具进行眼妆打造和修饰	1.培养学生正确的人生观与价值观; 2.培养学生职业精神

实施过程

一、眼妆化妆品与眼妆工具
1.眼妆化妆品的选择

2.眼妆工具的选择

二、眼妆的日常打造
1.眼影的画法

2.眼线的画法

3.睫毛膏的画法

三、眼妆的矫正修饰
1.眼型特征及眼妆矫正方案设计

2.眼妆矫正修饰过程

续表

考核评分					
考核任务	考核内容	考核标准	配分	得分
完美眼妆的打造（100分）	眼妆化妆品与眼妆工具（25）	眼妆化妆品（眼影、眼线、睫毛膏）选择恰当	15	
		眼妆工具选择恰当，使用流畅	10	
	眼妆的日常打造（45）	眼影渐层的晕染过程流畅	10	
		眼影设计合理，晕染自然	10	
		眼线勾画过程流畅	10	
		上下眼线勾画自然，与眼影配合得宜	5	
		睫毛膏涂抹过程流畅，效果自然	10	
	眼妆的矫正修饰（30）	根据眼型特征设计矫正方案	10	
		根据眼型特征进行矫正修饰	15	
		矫正后眼妆与脸型相配，能够修饰眼型	5	

个人成绩：

评价		
自我评价	小组评价	教师评价

知识拓展

眼影的发展历史

眼妆是整体妆容中最重要的一个环节，几个世纪以来人们为了让它变得更加精致美丽，经历了几个发展阶段。无论是烟熏眼影还是片状夸张的蓝色眼影，都是人们不断尝试的过程。

在古埃及，无论是当时惊艳四方的埃及艳后还是普通民众，都喜欢把眼睛化成迷人的烟灰色（图4-5-3）。而古埃及留下来的遗物和文献显示，当时埃及的人们，无论地位高低，每个人都会用黑色及绿色粉末，厚厚地涂抹在眼睛周围。因为他们相信眼影具有太阳神的魔力，不仅能让自己更加吸引到别人注意，也能防止眼疾的传播。

图 4-5-3　古代埃及眼妆

在中国，20世纪40年代家喻户晓的歌姬受到西方文化的洗礼，愿意花时间打扮自己，因此带动了眼部化妆品的发展。她们利用深浅渐层画法将浓郁的大地色使用于眼周，不刻意展现色彩张力，展示出沉稳、内敛的妆感。

20世纪60年代，在美妆史上是一个具有转折性的摇摆年代，东方女性更加重视妆容的打造。眼妆中带着线条感，特别强调眼妆的部分，会通过香槟色或淡粉色的眼影打底来提亮眼周。浓郁的黑色眼线搭配白色的下眼睑，会形成自然的眼窝，形成一种复古的反差妆感，并搭配浓密的睫毛膏，以强调眼型。

20世纪80年代，以冷色（蓝色、紫色）烟熏妆为主要代表，通常会使用相对偏冷色系的眼影，大范围地晕染在眼睛周围。

20世纪90年代，消费者转而以同色系的不同深浅，晕染出眼型。

任务六　立体唇妆的打造

新知导入

视频：立体唇妆的打造

一、唇妆的选择

彩妆妆容要想出彩，重点在唇部的彩妆。通过唇膏、唇蜜的修饰，双唇即变得娇嫩欲滴，气色也变得十分红润有光彩。因此，选择恰当的唇部化妆品和唇妆工具修饰嘴唇也至关重要。

（一）唇部化妆品

唇部化妆品（图 4-6-1）包括唇部打底、唇部遮瑕、唇线笔、口红等。

131

图 4-6-1　唇部化妆品

1. 唇部打底

在涂抹口红之前，必须进行唇部打底。常见的有润唇膏、唇部精华，它们能有效地起到对唇部滋润的作用，以及抚平唇纹。

2. 唇部遮瑕

唇部遮瑕一般用于唇色较深的人，能淡化唇色，涂抹口红时能更加显色。

3. 唇线笔

现今使用唇线笔的人比较少，其实唇线笔可以在涂抹口红之前，先根据自己想要的唇型描画一圈，可以使唇部轮廓更加清晰，并且在涂抹口红时，不会有边缘不清晰、不整齐的担忧。

4. 口红

口红是所有唇部彩妆的总称，包括唇膏、唇彩和唇釉等。它能让唇部红润有光泽，达到滋润、保护嘴唇、增加面部美感及修正嘴唇轮廓的作用，它是女性必备的化妆品之一，可凸显女性的性感、妩媚。其中，口红滋润度较高，方便使用，是最为普遍的一款，其既有亚光口红也有珠光口红，如果唇部较为干燥，可以选用滋润有光泽的口红；唇彩让唇部看上去水润、透亮；唇釉相对于口红和唇彩，持久度更好，色彩饱和度也更好，既有亚光质地也有珠光质地，是当下非常受欢迎的一款唇部化妆品。

（二）唇妆工具

1. 唇线刷

唇线刷，刷头细长，方便描画唇部轮廓线条（图 4-6-2）。

2. 唇刷

唇刷，刷毛密实，刷头细小扁平，便于描画唇线和唇角（图 4-6-3）。其主要用来涂抹唇膏或唇彩，也可用于调试搭配唇膏的颜色。

图 4-6-2　唇线刷　　　　图 4-6-3　唇刷

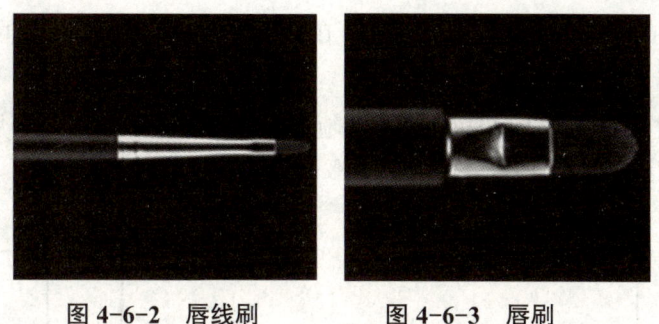

二、唇妆的日常打造

嘴唇不仅颜色鲜艳，而且是面部最活跃的部位。唇型的勾画，唇红色彩的应用，对整个化妆起着重要的作用。

（一）标准唇型的判断

标准唇型的特点为轮廓清晰、唇峰凸起，唇结节明显，下唇略厚于上唇。唇角微翘，唇型圆润（图 4-6-4）。具体唇型如下：

（1）双唇厚度：唇的厚度大约是嘴裂的 1/2，中国人的审美观认为上唇和下唇比例为 1 : 1.5，欧美人的审美观认为下唇是上唇的 2 倍厚。另外，再增加下唇的左方、右方的体积，中间留一点点沟，这样的唇型看起来非常漂亮。

（2）唇峰：唇峰是多种多样的，可以圆滑也可以有棱角，但是如果双唇放松的时候唇峰应比较明显。标准的唇锋位置位于唇中线至嘴角的 1/3 或 1/2 处，厚度不到整个嘴裂的 1/4。

（3）唇珠：有的人上唇非常丰满立体，不但拥有完美的唇峰，在两峰之间的部分还会有一个饱满的隆起，即唇珠。

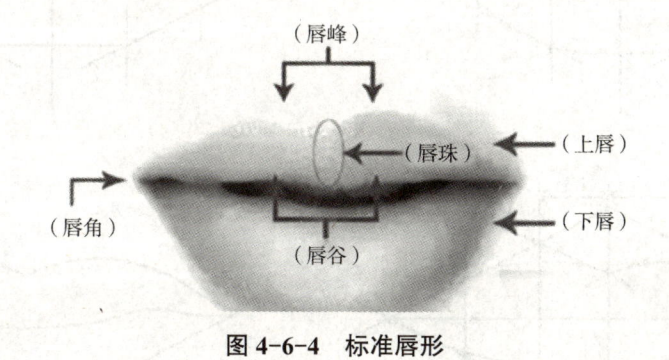

图 4-6-4　标准唇形

（二）唇妆的日常画法

尽管每个人的唇型都有所不同，而所谓美唇的标准也时常变化，但只要选择适合自己的脸型和气质的唇型，就是漂亮的唇型。在日常生活中，唇妆的画法可参考以下步骤。

1. 唇型设计

设计唇型时，要注意保证唇线轮廓清晰，下唇略厚于上唇大小与脸型相宜，嘴角微翘，唇峰比较清晰，整个嘴唇富有立体感（图4-6-5）。

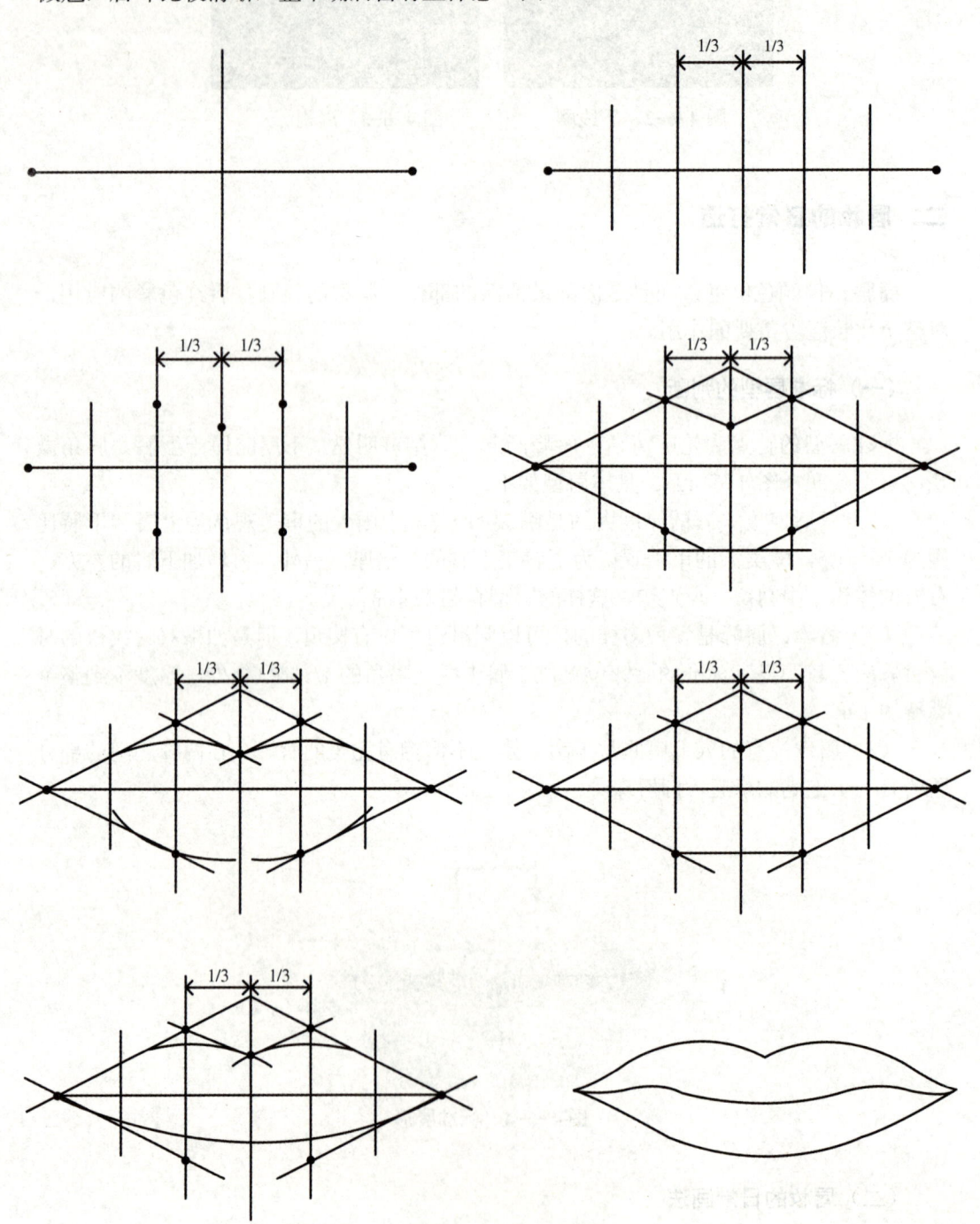

图 4-6-5　唇形设计

（1）上下唇以"十"字来区分，中线上延长线为唇峰。左右各分一半，在一半中又分三等份。

（2）运用"起点定位法"定出唇峰、唇珠、嘴角、下唇谷峰位置，然后连接起来。

（3）在连接好的线条上，把相对应的交接点，以弧线的方式连接起来。注意图中点的位置是否在弧线上。

（4）连接好弧度线后，整个唇形基本就出来了。最后描绘出上下唇交接的波浪线，把旁边多余的定位线擦掉，一个标准的唇形就形成了。

2. 唇部清洁与滋润

唇型设计完成后，可以按照想象中的唇型开始涂抹。先用软纸将嘴唇清洁，特别要注意清洁唇外的轮廓线，如果嘴唇太干燥，可以在唇上涂抹润唇膏，使嘴唇处于适度滋润的状态（图4-6-6）。

3. 描出理想的轮廓线

用唇线笔或口红刷描出理想的轮廓线，嘴唇自然放松，注意嘴角上下唇口红交合处的清晰及与整个唇型的和谐。涂抹口红时，整个唇部轮廓最为重要，先大概画出一个唇型，然后再将口红涂抹均匀，涂抹时，上唇从中间向两侧涂抹，下唇从两侧向中间涂抹，并用面巾纸或棉签将涂抹在外面的口红轻轻擦去，并将擦过的地方用底色补好。

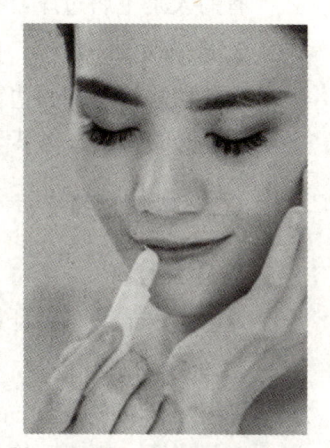

图4-6-6 唇部滋润

4. 提高清晰度

如果使用亚光的唇膏，可使用海绵片蘸取散粉沿着嘴唇外面再轻扑一遍，以统一皮肤的颜色并提高口红的清晰度。涂抹口红效果如图4-6-7所示。

图4-6-7 涂抹口红效果

5. 注意事项

唇部的化妆多选用深色口红，先抹上唇彩，然后用小粉刷蘸上一点比底色颜色浅的亮光粉，再沿唇线外缘扫动。这样，唇彩和周围的光彩可以增加唇部的厚重感。还可以在嘴唇中间抹上一点亮色，让嘴唇显得丰满，弱化轮廓感。

三、唇型的矫正修饰

除标准唇型外，生活中常见的唇型有嘴唇过厚、嘴唇过薄、嘴角下垂、嘴唇凸出、嘴唇过大、嘴唇过小、平直唇型等。

（一）嘴唇过厚

1. 唇型特征

有的人是上唇过厚，有的人是下唇过厚或上下唇均过厚。

2. 修饰方法

用遮瑕霜涂于嘴唇边缘，包括唇面，并用蜜粉固定。用深色唇线笔沿唇角勾画，保持唇型本身的长度，将其厚度轮廓向内侧勾画。唇膏宜选用偏冷的深色，使厚唇收敛。

（二）嘴唇过薄

1. 唇型特征

嘴唇过薄的唇型特征：嘴唇厚度较薄，有的人是上唇过薄或上下唇均过薄。

2. 修饰方法

用唇线笔将轮廓线向外扩展，在原有的唇线外勾画一条唇线，上唇的唇峰描画圆润，下唇增厚，唇面上涂上亮光油，唇膏应选用偏暖的色彩。

（三）嘴角下垂

1. 唇型特征

嘴角下垂的唇型特征：嘴角向下方弯曲，有的人是单侧嘴角下垂或两侧均下垂。嘴角下垂使人显得愁苦。

2. 修饰方法

用遮瑕霜涂于嘴唇周围，尤其是唇角部位，再用唇线笔勾画轮廓线，改动嘴唇两侧的轮廓线使其具有向上翘的趋势。画上唇线时，唇峰略压低，唇角略提高，嘴角向内收。画下唇线时，唇角向内收与上唇线交会。唇中部的唇膏色比唇角略浅些，凸出唇的中部。

（四）嘴唇凸出

1. 唇型特征

嘴唇凸出的唇型特征：嘴唇过于凸出或者向外翻出，有的人是上唇向外凸出或上下唇均向外凸出。

2. 修饰方法

画轮廓线时，唇角略向外延，嘴唇中部的上下轮廓线都尽量画直，收敛过于凸出的感觉，唇膏宜选用偏冷色。

（五）嘴唇过大

1. 唇型特征
嘴唇过大的唇型特征：嘴角向上下或左右方向延伸，嘴唇整体呈现较大。

2. 修饰方法
用遮瑕霜涂于嘴唇边缘，包括唇面，并用蜜粉固定。画轮廓线时，上下唇角的轮廓线都要向内收缩，在原有的上下唇线内侧勾画唇线，使嘴唇变薄变窄。唇膏宜选用深色，使过大的嘴唇得到收敛。

（六）嘴唇过小

1. 唇型特征
嘴唇过小的唇型特征：嘴角向内侧狙击，嘴唇整体呈现较小。

2. 修饰方法
画轮廓线时，上下唇角的轮廓线都要向外延伸，在原有的上下唇线外侧勾画唇线，使嘴唇变宽变厚。唇膏宜选用浅色或亮光，使过小的嘴唇看起来大一些。

（七）平直唇型

1. 唇型特征
平直唇型的特征：唇峰不明显或唇平直没有唇峰，缺乏曲线美。

2. 修饰方法
用遮瑕霜掩盖原有唇型，用蜜粉固定。勾画上唇线时，描画出明显的唇峰，下唇画成船底形或圆润形，唇线的颜色要略深于唇膏色。

任务实施

专业		班级	
姓名		小组成员	
任务描述			
立体唇妆的打造			
尽管每个人的唇型都有所不同，而所谓美唇的标准也时常变化，但只要选择适合自己的脸型和气质的唇型，就是漂亮的唇型。请你与队员们分工合作，完成立体唇妆的打造。 具体要求：4～6名学生一组，设组长一人，小组成员互为模特，完成唇妆化妆品与唇妆工具的选择，唇妆的日常打造与矫正修饰			

续表

实训目标		
知识目标	能力目标	素养目标
1. 了解唇部化妆品的种类和特点； 2. 掌握唇妆工具的特点和使用方法； 3. 掌握标准唇型的判定方法	1. 能够选择恰当的唇部化妆品和唇妆工具； 2. 能够使用唇线刷、唇刷等工具进行唇妆打造和修饰	1. 培养学生正确的人生观与价值观； 2. 培养学生职业文化理念
实施过程		
一、唇妆化妆品与唇妆工具 1. 唇妆化妆品的选择 2. 唇妆工具的选择 二、唇妆的日常打造 1. 标准唇型的判断 2. 日常唇型方案设计 3. 唇部清洁与滋润 4. 唇部涂抹过程 三、唇型的矫正修饰 1. 唇型特征及唇妆矫正方案设计 2. 唇妆矫正修饰过程		

续表

考核评分					
考核任务	考核内容	考核标准	配分	得分
立体唇妆的打造（100分）	唇妆化妆品与唇妆工具（25）	唇部化妆品（打底、遮瑕、口红等）选择恰当	15	
		唇妆工具选择恰当，使用流畅	10	
	唇妆的日常打造（40）	根据标准唇型设计日常唇型方案	10	
		唇部的清洁度、滋润度	5	
		唇线轮廓描绘合理	5	
		唇部整体涂抹过程流畅	10	
		唇部整体色彩适度，清晰度较好	10	
	唇型的矫正修饰（35）	根据唇型特征设计修饰方案	10	
		根据唇型特征进行矫正修饰	15	
		矫正后唇妆适宜，能够修饰唇型	10	
个人成绩：				

评价		
自我评价	小组评价	教师评价

知识拓展

口红变迁发展简史

作为女性，你也许已经习惯了成熟的口红市场能为你提供色彩无比丰富的口红；作为男性，你也许已经习惯了无处不在的那一抹红唇带来的魔力。但是为什么女人涂口红？口红是如何成为女性专属、男性禁区的？古人也像现代人一样热衷于涂抹口红么？下面了解千年中外口红变迁史就显得非常重要。

1. 旧石器时代

中国最早使用口红的文物证据是旧石器时代（距今6 000到5 000年间）的红山女神像（图4-6-8）。这个女神头像最突出的地方是

图4-6-8 旧石器时代的红山女神像

眼睛为玉制做的,嘴唇用朱砂涂红。先民雕塑时在嘴唇上下了一番功夫,唇部被夸张地放大,上唇的肌肉往外翻,再涂抹上红色朱砂,女神欲语欲笑,充满了神秘感。后来在新时期时代到商末周初的三星堆遗址,也出土了许多唇部涂抹朱砂的祭祀面具,再次印证了红唇作为宗教图腾而诞生。

2. 古埃及

西方学界认为口红是诞生于公元前三千多年的苏美尔文明,目前发现的最早的口红位于一个叫作 Ur 的古城邦(现位于伊拉克境内),用铅粉和红色矿石做的口红作为陪葬品出现在富有阶层的墓里。而不远处的古埃及文明在公元前二千多年开始进入辉煌时期,大量出土的壁画和文物都表明古埃及人极爱化妆。古埃及狂热的化妆风俗让口红第一次走向全民日常,阶级图腾瞬间化为时尚图腾,这是口红的第一个黄金时期(图4-6-9)。

图 4-6-9　古埃及时代

第一个闻名于世的口红控——埃及艳后克里奥帕特拉七世(Cleopatra)(图4-6-10)。她对口红有着极为苛刻的要求,从而引领古埃及的时尚潮流并推动了口红制作的技术。

图 4-6-10　埃及艳后克里奥帕特拉七世

3. 古希腊

古希腊从公元前 800 年开始发展，在希腊文明早期的女性不好化妆，只戴假发和梳夸张的发型，而口红的成分里有绵羊的汗液、人的唾液和鳄鱼的粪便。这时第一条关于口红的法律诞生了。

4. 罗马帝国

罗马帝国紧随着希腊文明之后崛起，公元前 150 年起口红被广泛使用，香料和化妆品的使用又到达了一个历史的巅峰。此时，口红在社会阶级和女性身份间摇摆，造成了阶级和性别的图腾的同时持续强化。

5. 中世纪

公元 500 年左右，欧洲中世纪黑暗时代降临，战争频繁、生产力发展滞后、疾病肆虐。这个时期教会对女性的态度决定了口红的走向。从总体来说，教会对口红是持反对态度的，而且这种宗教批判在中世纪不断地加深。经过中世纪的洗礼，口红被赋予了强烈的女性烙印，树立起性别壁垒，此后的一般男性涂口红就会被视为一种性别颠倒的行为。

伊丽莎白女王一世，对口红热爱，她甚至用胭脂虫、阿拉伯树胶、蛋清、无花果等混合出了自己的口红配方（图 4-6-11）。

图 4-6-11　伊丽莎白女王

6. 文艺复兴

文艺复兴带来了全新的思潮，17 世纪的法国路易王朝流行大红妆。在维多利亚女王丧夫以后，时尚风潮更趋保守，夸张艳丽的贵妇形象不再流行，以纤弱秀气、文静娴雅的淑女形象为美。到 19 世纪的下半叶，男性已经默许女性涂抹口红了，商店也公开售卖口红。中世纪赋予口红的女性图腾内核还在强化，只是不再以宗教和性别的解读为依托，而成为一种理所当然的社会常识。

7. 20 世纪初

20 世纪来临，美国进入全面工业化、现代化。口红发展的主要舞台被搬到了美国，美国人赋予了口红新的内核，使其变成一件商品、一个行业、一种消费，淡去了宗教色彩，成为全新的经济图腾。早期美国制造的口红如图 4-6-12 所示。

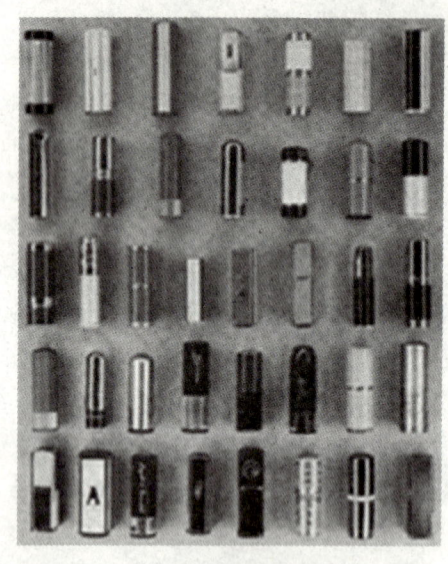

图 4-6-12　早期美国制造的口红

1867 年，史上第一家销售化妆品的百货公司——纽约 B.Altman 百货公司开业，一种可以上腮和上唇红色的化妆品获得了发明专利。

8. 21 世纪

不得不承认，在漫长的社会变迁中，在不同历史社会时期，口红的发展与变迁受到了各方力量的碰撞和妥协，而最终逐步走到了今天。那么口红在未来又会怎么演变呢？也许有一天，历史又再轮回重演，男性会再次成为口红的重要使用者。

任务七　自然面颊的打造

新知导入

一、面颊妆容的选择

面颊妆容是改变整体形象的重要一环（图 4-7-1）。有了之前细

视频：自然面颊的打造

腻底妆的打造，就该为之增添"好颜色"了。对于面颊妆容的选择，除之前提到的底妆外，还需要有涂抹在面颊处的腮红和涂抹在脸部边缘，如下颌骨、发际线等处的修容粉或者修容液，以及涂抹在T区、C区等处的高光提亮。

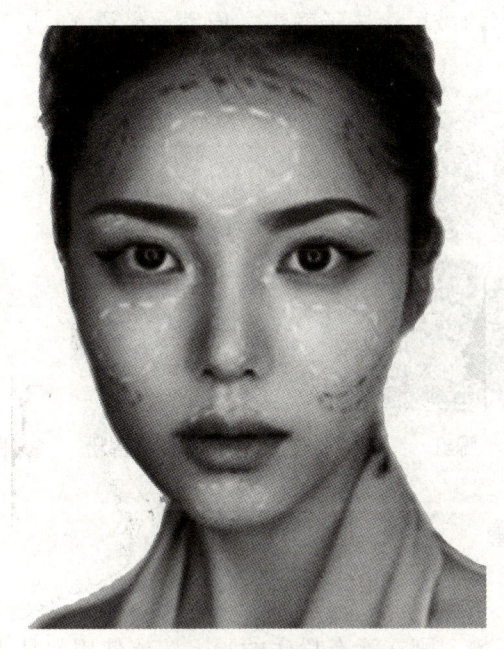

图 4-7-1　面颊妆容

（一）面部妆容化妆品

1. 腮红

艳丽且柔和的腮红，使用后会使面颊呈现健康红润的颜色，起到修饰脸型、美化肤色的作用（图 4-7-2）。涂抹在脸上的化妆品，有粉质和油质两种，在涂抹腮红之前，脸上已经上好底妆，也就是脸上已经涂抹了粉底霜、粉饼，皮肤是呈无油干爽状态，所以在腮红的选择上，建议大家选择粉状腮红为佳，易上色，好操作。如涂抹油质腮红，操作不够熟练，用量不够恰当，容易造成结块不均匀等现象。

2. 修容粉

修容粉是修饰脸部轮廓的，一般涂抹在鼻梁两侧、额头两侧、颧骨下方、脖子与脸之间的骨头处，可以修饰脸型、增加脸部立体感，修饰幅度较小（图 4-7-3）。修容粉一般以棕色或者咖啡色为主。修容粉不包括阴影粉，一般用于比较大的面部修容处理，如鼻侧影、腮帮处。修容粉一般适用生活妆，而阴影粉多用于舞台妆、梦幻妆。

3. 高光产品

高光产品可用在鼻梁中间、额头中间、颧骨上方及下巴中间，能使脸部看上去有光泽、透亮（图 4-7-4）。高光提亮与修容阴影正好是相反的，也是配合使用的。高光提亮的产品有液体、膏状和粉状。一般液体的产品有提亮液，可混合在粉底霜里一起使用，也可在上完底妆之后，取少许涂抹于面部；膏状的产品有提亮膏、高光笔等，可用于卧蚕处、眼头处、鼻梁处和眉骨处等；粉状的产品就是高光粉，粉质细腻、晶莹透闪，可在整个妆容的最后涂抹于额头、眉心及鼻梁（T区）处、苹果肌处和外眼角半圈（C区）处。

图 4-7-2　腮红 　　　　　图 4-7-3　修容粉 　　　　　图 4-7-4　高光产品

（二）面颊妆容工具

1. 蜜粉刷

使用蜜粉刷蘸上蜜粉，刷在涂有粉底的脸上，比使用粉扑更柔和、更自然，能把蜜粉刷得非常均匀（图 4-7-5）。它还可以用来定妆，也可以用来刷去多余的蜜粉，使眼睛、面颊的色彩变得柔和协调。

2. 腮红刷

腮红刷是指比蜜粉刷稍小的扁平刷子，刷毛顶部呈半圆排列（图 4-7-6）。一把好的腮红刷能使胭脂扫得又轻松，又自然。将刷子蘸取腮红粉，轻甩掉多余粉屑再上妆，颜色不够可慢慢添补。

图 4-7-5　蜜粉刷 　　　　　图 4-7-6　腮红刷

二、脸型与面颊的日常打造

在日常生活中，化妆最主要的目的是将个人美观的部位凸出，而将有欠缺的部位遮掩，因此，掌握标准脸型及面颊的日常打造方法，才能在化妆时有的放矢，从而打造更加自然的面颊，塑造更好的形象。

（一）标准脸型

为了使化妆效果更为完美，要遵循面部及五官美的标准比例。首先，了解脸部比例匀称的问题。标准的脸型应该符合"三庭五眼"。另外，眉间距二眼间距应等于鼻翼宽度。

以往的化妆要求嘴角、鼻尖、外眼角、眉梢成一直线，鼻翼、眼尾、眉梢成一直线。而上下嘴唇的厚度之比应为1：2。认为这样才是标准的，但现在比较流行的化妆方法并没有固定的标准，如果嘴角、鼻尖、外眼角、眉梢成一直线，眉毛就显得有些过长，使人看起来没有精神。

（二）腮红的日常打造方法

1. 粉状腮红的打造

（1）可爱型：以脸颊最高处为中心，画出圆形腮红。做出微笑的动作，并以脸颊的正中间为标准，画上圆圆的腮红，使用毛量较多的刷子来重复画圆。

（2）干练型：以瞳孔的垂线方向从颧骨下方向太阳穴的方向顺着骨骼涂上腮红，一直延伸至发际处。

2. 腮红膏的打造

如果没有太多时间用于化妆，那么可以运用腮红膏。它能够让人们在很短的时间内，迅速呈现好气色。

3. 液状腮红的打造

液状的腮红应直接置于双颊，并用手指指腹涂抹均匀，不要害怕涂抹不到而涂得太宽阔，正确的手法是将腮红拍上去的感觉。

（三）腮红的日常打造步骤

（1）用化妆刷蘸少许适当颜色的腮红在手背上揉一揉，使颜色避免过于集中。

（2）将揉开的腮红涂在颧骨边缘。

（3）根据脸型的需要向上下左右晕染开。

（4）注意事项。

1）在晕染过程中应先蘸少许腮红向四周晕染开，然后再蘸再晕，不要一次用量太多，避免色度过强和色块堆积。

2）腮红的晕染要显得中心色调深，而周围越来越浅淡与肤色自然衔接。

三、不同脸型的面颊修饰

除标准脸型外，生活中常见的脸形有椭圆形脸、圆形脸、方形脸、长形脸、倒三角形脸等。

1. 椭圆形脸

（1）脸型特征：椭圆形脸又称标准脸型，中间最宽，额头部位宽窄适中，下面即额部柔美细致，相对较窄，发际线呈弧形，长度略大于宽度，是公认的理想脸型。

（2）修饰要点：椭圆形脸化妆时宜注意保持其自然形状，突出其可爱之处，不必通过化妆去改变脸型。因为椭圆形脸是无须太多掩饰的，所以化妆时一定要找出脸部最动人、最美丽的部位，适合标准腮红刷法或是刷成椭圆形。即腮红不超过眼中及鼻子下方，由颧骨向太阳穴处向外向上刷，加以突出，以免给人平平淡淡、毫无特点的印象（图4-7-7）。

2. 圆形脸

（1）脸型特征：圆形脸中间最宽，逐渐向额头上面和下巴过渡，上下两区大致相等，发际线呈圆形，额部较小，圆形脸属于短脸的一种脸型，它的长宽大约相等。

（2）修饰要点：最可爱的脸型就是圆形脸，缺点是脸型太圆太宽，而且下巴及发际都呈现圆形，缺乏立体感，最好能在两腮和额头两边加深色粉底，并且以长线条的方式刷染，强调纵向的线调，拉长脸型。下巴和额头中间则加上白色粉底，腮红由鼻翼至颧骨向外打圈，靠近鼻侧，不要低于鼻尖，不要刷进发际，面颊应刷高些、长些，并用长线条拉刷直到太阳穴，这样就会使圆形脸感觉修长立体（图4-7-8）。

3. 方形脸

（1）脸型特征：方形脸的脸型线条较直，方方正正，上、中、下三个区域大致相等。发际线呈水平，额线呈方形，额角较宽，方形脸与圆形脸一样，长度，宽度大致相等。

（2）修饰要点：在宽大的两腮和额头两边加深色粉底，额头中间和下巴加白色粉底，另外，再强调出眉和唇等部位，腮红由颧骨顶端向下斜制。面颊的颜色应刷深些、高些或长些，这样方形脸就会显得修长，表现出温和的特质（图4-7-9）。

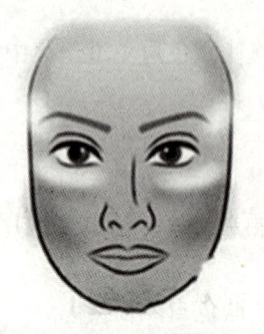

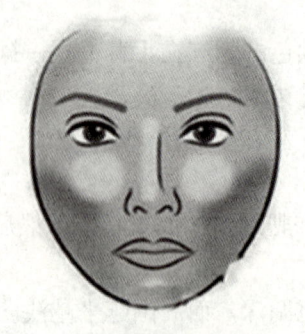

图4-7-7　椭圆形脸腮红效果　图4-7-8　圆形脸腮红效果　图4-7-9　方形脸腮红效果

4. 长形脸

（1）脸型特征：长形脸的脸型整体较长，可能是下部最宽，也可能是额部最宽，但一般中间较为精窄。发际线可能带尖，也可能是水平或弧形，额线常呈曲线，较少形成角度，脸型长度明显大于宽度。

（2）修饰要点：在脸上打好均匀肤色粉底，在两腮和下巴部位加上深色粉底，使脸不会太长，看起来比较秀气。腮红由颧骨至鼻翼向内打圈，在面颊较外侧，可向耳边刷，不要低于鼻尖，以横刷为宜。

5. 倒三角形脸

（1）脸型特征：倒三角形脸也称心形脸，上面部分最宽，下面部分最窄，发际线通常呈水平线，有时发际线也带有俗称的美人尖，下巴既窄又尖，长度略大于宽度。

（2）修饰要点：需在颧骨、下巴和额头两边着深色粉底造成暗影效果，于脸颊较瘦的两腮用白色或浅色粉底来修饰，颧骨部位用深色腮红拉刷，颧骨下方用浅色腮红横刷，使脸型显得丰满。

任务实施

专业		班级	
姓名		小组成员	
任务描述			
自然面颊的打造 　　面颊的妆容是改变整体形象的重要一环。请你与队员们分工合作，完成自然面颊的打造。 　　具体要求：4～6名学生一组，设组长一人，小组成员互为模特，完成面部化妆品与面颊妆容工具的选择，自然面颊的日常打造与不同脸型的矫正修饰			
实训目标			
知识目标	能力目标		素养目标
1. 了解面部化妆品的种类和特点； 2. 掌握面颊妆容工具的特点和使用方法	1. 能够选择恰当的面部化妆品和面颊妆容工具； 2. 能够使用蜜粉刷、腮红刷等工具进行面颊妆容打造和面颊修饰		1. 培养学生正确的人生观与价值观； 2. 培养学生职业文化理念

续表

实施过程	
一、面部化妆品与面颊妆容工具 1. 面部化妆品的选择 2. 面颊妆容工具的选择 二、面颊妆容的日常打造 1. 根据标准脸型设计面颊妆容方案 2. 腮红的打造 三、不同脸型的面颊修饰 1. 根据不同脸型特征设计修饰方案 2 面颊妆容的矫正修饰过程	

考核评分			
考核任务	考核内容	考核标准	配分	得分
自然面颊的打造（100分）	面部化妆品与面颊妆容工具(25)	面部化妆品（腮红、修容粉、高光等）选择恰当	15	
		面颊妆容工具选择恰当，使用流畅	10	
	面颊妆容的日常打造（40）	根据标准脸型设计面颊妆容方案	15	
		腮红的晕染过程流畅	15	
		腮红与脸型相配，与肤色衔接自然	10	
	不同脸型的面颊修饰（35）	根据不同脸型特征设计修饰方案	15	
		根据脸型特征进行矫正修饰	15	
		矫正后面部妆容适宜，能够修饰脸型	5	

个人成绩：

评价		
自我评价	小组评价	教师评价

知识拓展

高光和阴影的化妆技巧

想要打造出一个极具立体感的妆容，利用化妆技巧，做好打高光和画阴影是必须的。为了能够更加清晰地向大家展示高光与阴影的化妆技巧，在模特脸上"标上了"需要打高光及画阴影的部分，黑色箭头表示需要在此画上阴影，而红色部分则表示需要打高光的位置（图4-7-10）。

首先要进行的是高光粉的涂抹。用化妆刷蘸取珍珠白色的高光粉，可以先在手背上进行擦拭，扫去多余的粉量，然后再在脸上进行涂抹。

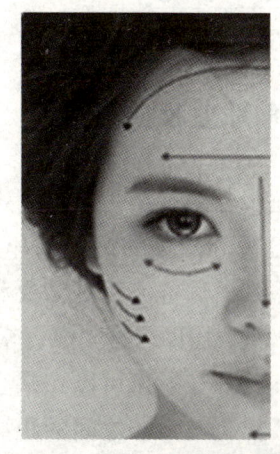

图 4-7-10　高光和阴影的位置示意

把蘸有高光粉的化妆刷在额头横扫，让高光粉均匀地分布在直线上。保持力度的轻盈，不要一下子涂抹太多，否则会让人感觉到油腻。

眼睛下方最容易出现肤色暗沉的情况，因此也需要使用高光粉进行修饰，可以使用上一步中的余粉进行操作，轻扫在眼下。接着是到鼻梁位置，沿着鼻梁的走势，从上向下在鼻梁上扫上薄薄的一层高光粉。

最后利用化妆刷上剩余的粉末，在下巴位置轻轻地点上就可以了。打高光的部分基本上已经涉及了，下面继续讲解如何画阴影。

阴影部分只需要在三个区域上进行描画即可，分别是额头发际线的附近及脸颊和脸部的轮廓线位置。蘸取粉盒中的褐色阴影，按照图4-7-11所示黑色箭头的标示方向和范围进行涂抹即可。

图 4-7-11　高光和阴影的化妆技巧

任务八　民航职业妆容设计

新知导入

一、民航职业妆容的特点

民航服务人员作为一个特殊的职业群体，常常给人以明亮的外表、清新的打扮、美丽的容貌和甜美的微笑的印象。他们的工作环境相对来说较为封闭。在工作过程中，一系列的服务流程都需要和乘客近距离地接触，如迎接乘客、引导乘客购票、引领乘客入座、协助乘客安放行李、飞行过程中向乘客提供各种服务等。

良好的外在形象可以在乘客心中产生良好的"首因效应"，从而增强第一印象和亲切感，拉近与乘客之间的距离，增加乘客的愉悦感。同时，美好的个人形象也代表了公司的整体形象，体现航空公司的个性追求。所以，各航空公司都十分重视民航服务人员职业化形象（图4-8-1）。

图4-8-1　民航服务人员职业化形象

（一）民航职业妆容的基本要素

适当得体的职业妆容是塑造良好的民航职业形象的任务之一，也是民航服务人员应该具备的一门技能（图4-8-2）。通过化妆专业课的学习，掌握正确的职业妆容知识，让民航服务人员的魅力倍增，错误或者不恰当的职业妆容会影响民航服务人员的个人形象，影响乘客对其服务质量的客观评价。

图 4-8-2　民航职业妆容

1. 民航职业妆容的目的

民航服务人员的录用经过航空公司的精挑细选，其外貌体型、沟通技巧、服务能力和身体素质等方面均进行严格的考核。民航服务人员通过一定的化妆手段修饰自己的五官和整体造型，并不是让自己变得更加漂亮，而是让整体形象达到乘客心目中完美的形象。

（1）社会交往的需要。社会在进步，人们的生活方式也在不断改变，社会交际变得频繁，人们通过正确的化妆手段，以及适当的服饰发型相搭配，加上良好的修养、优雅的谈吐、端庄的仪表，使得仪容仪表更加大方得体。

（2）职业活动的需要。随着社会的不断发展和进步，化妆不再局限于舞台，而是逐渐进入日常生活、进入职业活动中。通过化妆手段的修饰，使平凡的面部五官更加立体，更有魅力，给人以美的感觉，反映出当今社会的时代感。民航服务人员的职业妆容更是一种职业规范的要求、职业道德的体现和职业活动的需要。

（3）日常生活的需要。人的容貌，除天生条件和气质内涵外，妆容的修饰也是非常重要的，民航服务人员也不例外。化妆能使人容光焕发，以愉悦的心情投入工作，在社交场合能起到相互尊重、提高亲和力等作用。

2. 民航职业妆容的作用

（1）护肤美颜。化妆可以美化容貌，通过适当的化妆手段，调整面部皮肤的色差，改善皮肤的质感，使五官立体。

（2）修饰脸型。每个人的五官各不相同，也不是完美无瑕的，即使天生丽质，也可能会有些许美中不足之处，如眼睛不够大、脸型偏大和毛孔较大等。这都说明人们对美的追求是无止境的，人们可以通过化妆手段进行修饰，弥补自身的不足，以获得最佳的妆容效果。当然，随着时代的发展，科学技术的进步，现在还有一些人通过整形的手段来改善自身五官上的缺陷，从而达到完美的面容。

（3）增强自信。随着社会交往的日益频繁，化妆在人们的生活中显得越来越重要。不化妆的女性在职场中显得不够自信，会有被轻视的感觉。在职业场合中，职业妆容的重要性越来越明显，也体现了相互尊重、增加自信心、提高亲和力的作用。

3. 民航职业妆容的原则

（1）自然真实的原则。在不改变自身特点的基础上进行化妆修饰，妆容以自然服帖、浓淡适宜为主。化妆时要把握好"度"，化妆修饰的痕迹不要过重，妆容要尽量服帖自然、协调统一，使用一定的化妆手段将五官映衬得更美、更突出。

（2）扬长避短的原则。化妆一方面要突出面部五官最美的部分，使面部显得更加美丽精致；另一方面要掩盖或修饰五官中有缺陷和不足的部分。因此，民航服务人员在化妆前，应对自己的五官进行认真分析，包括自己的脸型、肤质、五官及气质等。

（3）协调统一的原则。化妆时需注意妆面的设计、色彩与整体着装等协调统一；面部妆容要与职业要求、整体气质等协调统一；妆容设计要与职场环境、地点等协调统一。而民航服务人员的妆容要特别注意整体形象的协调统一，要依据不同航空公司的整体着装要求设计妆容，不可突出个性特点。

4. 民航职业妆容的要求

（1）审美能力的学习和运用。要想把握好整体妆容效果，必须具备一定的审美鉴赏能力，重点在文化艺术修养等方面的长期学习、不断观察和分析自身特点，培养自己的审美能力，通过持续的实践得到提高。

（2）化妆品及化妆工具的选购和保养。购买化妆品时，切勿盲目地跟从和听信导购员的推荐，也不是越贵的产品就越好，而是要结合自身的肤质、肤色、脸型、气质及购买力等方面的因素进行正确选购。化妆工具使用之后，还要注意平时的清洗和保养，这样能延长化妆工具的寿命，避免破损或不卫生的化妆工具对皮肤造成伤害或影响妆面的整体效果。

（3）化妆技巧的掌握和巩固。化妆技巧的学习不是在短时间能够掌握的，需要反复地学习实践、琢磨才可能有所提高。熟练地学习和掌握各种化妆技巧，把握自然、准确、和谐及精致四个要素。

（二）民航职业妆容的分类

1. 根据工作环境与场合分类

（1）日妆。日妆表现于日常职场的工作日，是按照工作环境、个人意愿和审美情趣等进行的自我形象的塑造，追求柔和、自然的效果，舒适性较强。日妆的展示范围相对较大，适用于不同的年龄和职场环境。化妆时，根据不同的工作环境和场合、不同的时间和要求等进行描画，还可以根据不同的季节变化来描画。

（2）晚妆。晚妆是为晚宴、宴会，晚间的聚会、年会等活动而化的妆。晚妆适用于气氛较为隆重的场合，有正式场合和休闲场合、比赛场合和演出场合之分。因此，晚妆的化妆手法和形式也各不相同。总之，根据所处环境的不同来确定妆容色彩的搭配。

（3）职业妆。职业妆是适用于职业人士工作特点或与工作环境相关的社交环境的一种妆容。民航服务人员主要是在机场、客舱等特定的工作环境内为不同乘客提供各种服务工作，根据不同航空公司对服务人员工作时的要求，正确适度地化妆，切不可浓重和个性化。妆容效果以达到淡雅、含蓄、自然的效果，给人舒适亲切、和谐统一的感觉。男性职业妆的化妆应注重改善气色，体现肤质的健康、妆容的统一，既能体现男性的阳刚，又能体现与职业相符的亲和力。化妆时，应注意正确地使用化妆品，掌握一定的化妆技能，突出男性特征的要点即可，不适当的修容会适得其反，影响工作效果。

2. 根据工作性质与身份分类

（1）接待人员。每个公司都应该注意公司形象与员工形象之间的协调，因为通过宣传等其他方式树立的形象，最终由员工来体现和加强。单位也会相应地制定一些员工关于形象标准的要求，以维护公司的形象。一般公司的接待人员为女性，要求她们应淡妆上岗，妆面应端庄、大方，具有亲和力，不能在接待宾客期间补妆等。接待人员的妆容较正式，不能过于休闲，应根据工作的环境而定，不能把平时休闲状态时的妆容用在接待工作时，应懂得随环境的变化而变化。

（2）求职人员。无论是刚毕业的大学生还是具有工作经验的人员，在求职面试时要把握好最初的三分钟印象，外在的妆容和整体形象气质对成功的求职面试起到非常重要的作用。面试前一晚必须保证充足的睡眠，使皮肤光滑细嫩。尽量用浅色调的彩妆打造一个淡妆，有粉刺或雀斑的女性可以用遮瑕膏进行修饰，以保证妆面的清新自然，浓妆艳抹的妆容会适得其反。要学会依靠自身良好的素质，将内在的潜质充分地展示出来，帮助自己获得一份理想的工作。

（3）舞台演讲。站在舞台上演讲是展示能力的机会，千万不可忽视外在的形象。因舞台与观众有一定的距离，为了使自己的肤色更健康，可以使用较厚的粉底修饰，显得庄重一些。眼妆和唇部要比平时的职业妆更突出一些，在灯光的作用下，远距离观看更显自然。演讲时，表现要沉稳自如、生动有趣，和善的微笑在一定程度上能缓解自己紧张的情绪。

二、民航职业妆容的设计

(一) 民航职业妆容的特点和要求

民航职业妆容,是指适用于民航服务人员特有的工作特点和工作环境的妆容,符合他们特有的职业要求。

1. 妆面特点

民航职业妆妆面是民航服务人员工作时的装束,他们的主要工作是在机场、客舱等特殊地点为乘客提供各种各样的服务。由于他们的工作往往是近距离与乘客接触,乘务人员除热情周到的服务外,适度的化妆也成为乘客评价其服务优劣的标准之一。正确适度地化妆,会使乘客感到赏心悦目、心情愉悦。而这种妆容往往要求比较严格,若过于浓重,会给人难以接近的感觉,若不注意修饰,又会让乘客觉得不够重视与尊重对方,所以,要把握好度,既不能浓妆艳抹,又不能素面朝天,不加修饰。必须用比较好的化妆手法扮靓自己,以体现对乘客的尊重,适度的妆容也是一个民航服务人员所要具备的基本技能之一。

2. 妆面要求

根据不同航空公司的企业文化与整体风格,确定该航空公司特有的妆面要求。大体上妆面效果都要达到典雅、含蓄、自然,给人亲切的感觉。乘务组成员要做到统一、协调的妆面效果。

(1) 妆面。妆面要以整洁干净为主,要与制服颜色协调统一。红色、绿色、蓝色等色系过于抢眼,不要使用,否则会给人庸俗的负面印象。粉底的选用也要接近自己肤色的自然色系,眼影、口红以搭配空乘制服的色彩为依据。使得整体显得端庄大方,有朝气。

男性服务人员要注意面部卫生问题,认真保持面部的健康状况,防止由于个人不讲究卫生而使面部常出现皮肤问题,如青春痘、痤疮等。注意面部局部的修饰,保持眉毛、眼角、耳部和鼻部的清洁,不要当众做些不得体的行为动作。

(2) 发型。发型大方得体,长短适中,不染鲜艳的颜色,不剪怪异的发式。留长发的民航服务人员统一盘起头发,不要刘海,有刘海的最好在眉毛以上,露出额头;留短发的民航服务人员则不允许两侧的短发遮住脸颊。盘发的发髻注意要在后脑偏上,不要在偏下的位置,显得老气松垮。盘发一定要使用定型的发胶产品,不可以松散、蓬乱,要营造出干净利落的感觉。

男性服务人员身着制服时,头发注意保持发型的整体美观、大方自然,统一规范,修饰得体,前不遮眉,后不抵领,不留鬓角,不留怪异发型或光头,不染发,头发要保持清洁。

(3) 制服。乘务员的制服应根据不同航空公司的着装要求进行穿着。要注意保持干净整洁、熨烫平整，不得佩戴装饰性物件，口袋内不能放置太多的零散物品，按要求佩戴好胸牌等其他配件。

男性服务人员的制服应根据不同航空公司的着装要求进行穿着。要注意保持干净整洁，熨烫平整，不得佩戴装饰性物件，口袋内不能放置太多的零散物品，按要求佩戴好胸牌等其他配件。

（二）民航职业妆容设计程序

在人们的脑海中，民航服务人员是美丽的代名词。因此，按照一定的化妆程序设计民航职业妆容，塑造良好的职业形象十分重要。

1. 妆前的基本护肤

（1）洁面。洁肤是基础护肤前的第一步，将洁面产品涂于整个面部进行按摩清洁，可以去除脸部多余的油脂、汗液和灰尘，使皮肤干净清爽，更好地进行下一步的护肤和上妆。护肤可分为卸妆和清洁。男性服务人员因皮肤油脂分泌较多，可选用去油、控油清爽型的洁面产品进行面部清洁，以便更好地进行护肤和面部上妆。

1）卸妆：选用适合自己的肤质，具有针对性的卸妆品，对面部进行彻底的擦拭，卸除皮肤上的污垢和彩妆成分，以免长时间停留在毛孔上，形成毛孔堵塞或其他皮肤疾病。

2）清洁：卸妆之后，选用适合自己肤质的洁面产品对面部皮肤进行再次清洁，将卸妆之后残留在皮肤的污垢彻底清洁和按摩，并用温水清洗干净。

（2）护肤。洁肤之后要及时对皮肤进行护理，使皮肤能更好地上妆，达到最佳的妆面效果。

1）补水：根据自身肤质选择化妆水，补充肌肤充足的水分，提高面部的滋润度，让妆面更持久。

2）保湿：补水之后要用具有一定保湿作用的精华液或保湿霜，补充肌肤营养的同时，帮助肌肤锁住水分，使妆面更服帖。

3）隔离：为了有效隔离外界的污染、紫外线和化妆品直接接触皮肤。一般在护肤之后、在上底妆之前，建议涂抹一层隔离霜，起到防护的作用，使皮肤不受直接的伤害。

4）男性乘务员还有一个重要的环节就是剃须。这样会使妆面看起来干净自然。剃须之后就是用护肤品对面部皮肤进行适当的保养，护肤品应根据自身的肤质进行选择，如果是油性皮肤，则尽量多选择清爽控油的产品，这样可以让妆面更持久。男性乘务员应注意修眉和剃须，突出阳刚的男性特点和气质。

2. 上妆的基本程序

（1）底妆。粉底应根据自身的肤质选择质感较好的粉底液或粉底霜，色号尽量选择接近自身肤色的自然色，对有痘印和粉刺的部位，要在上粉底前使用遮瑕膏进行单独修饰。对脸颊与颈部衔接处的修饰也不能忽略，妆面要显得整洁干净。即使肤色偏黑也不要挑选颜色较白的粉底，以免显得不自然，倘若肤色偏白或偏黄，则在粉底外，再扑上粉色或粉紫色的蜜粉，营造出白里透红的光彩。

（2）脸部。脸部的修饰不应过浓，对面部轮廓做适当的修饰，选择的颜色不宜过深，否则就会使妆面很脏。

（3）眼部。眼影应根据不同制服颜色进行选择，尽量按接近制服的颜色或是同色系的色调，这样整体会显得协调统一。眼线和睫毛膏均选用黑色系为最佳，并要注意化妆品的防水性，以免工作中花妆，影响服务质量。

（4）眉部。眉毛要修剪出适合自己的眉形，并用深棕色或灰色对整个眉形进行适当修饰，以达到更饱满自然的效果。男性服务人员的眉毛应突出自身眉形，修剪出适合自己的眉形，可适当地使用眉粉进行修饰，颜色选择深灰色为宜。

（5）唇部。唇部应选择雾状唇膏或者唇雾，并根据制服的颜色选择相应色系，以修饰唇色和唇形。男性乘务人员唇部化妆应选用无色或是肉色的固体唇膏进行涂抹，凸显良好的精神状态。

（6）脸颊。脸颊多以腮红进行修饰，选择与制服颜色、唇色相近的同色系的色号，显得整体协调统一，达到最佳的妆容效果。男性服务人员的脸颊可以适当地选用深棕色进行轮廓的修饰，显得肤色健康。

任务实施

专业		班级	
姓名		小组成员	
任务描述			
民航职业妆容设计 　　良好的民航职业妆容可以拉近与乘客的距离，增加乘客的愉悦感。同时，美好的个人形象也代表了公司的整体形象，体现航空公司的个性追求。请与队员们分工合作，为海航集团设计与打造民航职业妆容。 　　具体要求：4～6名学生一组，设组长一人，完成民航职业妆容方案设计与职业妆容的打造			
实训目标			
知识目标	能力目标		素养目标
1. 了解民航职业妆容的基本要素； 2. 了解民航职业妆的设计原则； 3. 掌握民航职业妆容的特点和要求	1. 能够按照一定的化妆程序设计民航职业妆容； 2. 能够使用蜜粉刷、腮红刷等工具进行面颊妆容修饰，打造职业妆容		1. 培养学生正确的世界观与价值观； 2. 培养学生正确的人生观

续表

实施过程
一、民航职业妆容设计方案 1. 职业妆面特点   2. 上妆流程   3. 化妆品的选择   4. 化妆工具的选择   二、职业妆容的打造 上妆具体步骤

考核评分				
考核任务	考核内容	考核标准	配分	得分
民航职业妆容设计（100分）	妆容设计方案（40）	职业妆面特点明确	5	
		上妆流程正确	10	
		化妆品（底妆、面部、眼部、眉部、唇部、面颊等）选择恰当	15	
		工具选择恰当，使用流畅	10	
	职业妆容的打造（60）	职业妆容的打造流畅	30	
		底妆服帖、自然	5	
		脸部颜色适度、干净整洁	5	
		眼部色调自然，与制服相配	5	
		眉部修饰得当、颜色适当	5	
		唇形与唇色适度，与制服相配	5	
		面颊与整体协调	5	
个人成绩：				

续表

评价		
自我评价	小组评价	教师评价

知识拓展

新娘妆

婚礼上新娘造型永远都是众人关注的焦点，那么如何帮助新娘化一个完美的新娘妆呢？新娘妆不仅注重脸型、肤色的修饰，化妆的整体表现，尤其要自然、高雅、喜气，而且要使妆效能持久、不脱落（图4-8-3）。

1. 中式新娘妆

中式婚礼上，新娘的妆色主要以红色为主，中国人喜爱红，认为红是吉祥的象征。所以，传统婚礼习俗总以大红色烘托着喜庆、热烈的气氛。吉祥、祝福、孝敬成为婚礼上的主旨，几乎婚礼中的每一项礼仪都渗透着中国人的哲学思想。在传统婚礼中，整个婚礼的主色调是红色的，新娘妆容的色调也是红色的，自然红润的妆色会表现出新娘的娇媚，并突出婚礼的喜庆隆重（图4-8-4）。

图4-8-3 新娘妆

图4-8-4 中式新娘妆

（1）净面。用卸妆剂及洗面奶，彻底清洁面部皮肤。护肤：喷洒收敛性化妆水，弹拍于整个面部及颈部，使皮肤吸收。涂抹营养霜或奶液，进行简单的皮肤按摩，使血液循环加快，增强化妆品与皮肤的亲和性。

（2）粉底。首先，使用粉底霜，强调面部五官的立体结构与肤色的细腻洁白。涂抹时要边涂抹边轻按皮肤，使粉底霜更为牢固。质地良好的粉底霜可以使新娘在婚礼举行的过程中保持良好的肤质效果，且不易使妆容脱落。

（3）眼妆。一般的传统婚礼上的新娘的眼妆不要化得太花哨，最好不要用绿色、黄色和紫色，这样会显得太轻佻。

（4）眉毛。眉毛的颜色不要太浓，颜色用自然色或棕黑色最好，眉毛形状要弯曲自然。

（5）腮红。腮红一般是以浅色调为主，淡红是比较适合的选择，如果新娘肤质较白，还能展现出"白里透红"的感觉。

（6）唇妆。唇妆上讲究大红喜庆，唇色需要与服装颜色相符，一般是选择鲜红或自然红的口红色系，但也不可太过夸张。

（7）定妆。化好妆一定要抹上一层透明粉饼定妆，这样可以使化好的妆持久清新。修指甲要用指甲钳修剪指甲，然后涂指甲油，指甲的颜色一定要与口红搭配好。如果用粉红的口红，就要用粉红的指甲油。

（8）整体修饰。站得稍远一些看妆形、妆色是否对称协调。然后整理发帘、发饰、服装、喷洒香水。

2. 韩式新娘妆

韩式新娘妆面不要画得太浓，打的粉底要轻薄，嘴唇用少量唇彩即可，韩式新娘妆面重点是在眉部、眼部，所以应该重点对眉毛、眼线和睫毛进行装饰（图4-8-5）。

（1）首选洁面后涂上粉底，做底妆之用。

（2）用遮瑕膏遮住黑眼圈的位置。

（3）贴完双眼皮贴后，用金色眼影涂抹在眼窝及眼角处。

图4-8-5 韩式新娘妆

（4）用眼线膏沿着睫毛根部画出眼线，画完之后，再用金色的眼影涂抹眼角处。

（5）选择浓密度较深的眼睫毛，从上眼皮和下眼皮根部贴上。

（6）选择液体的橘色腮红点在脸部位置，用手指晕开即可。

（7）选用橘色的唇彩无涂抹在唇部即可。

3. 欧式新娘妆

欧式新娘妆如图4-8-6所示。

（1）底妆。好的欧式新娘妆底妆很关键。好的底妆应该是除了妆前的护肤，很重要的一点是要选择一款好的粉底。而一款好的粉底应该是可以均匀肤色，又

图4-8-6 欧式新娘妆

自然到无法觉察，还能保证不会阻塞毛孔。打好粉底之后拿海绵轻弹按压脸部，其目的是让海绵吸附多余的粉体，这样就可以使底妆更加均匀。

（2）眼妆。想必大家都深知欧美国家的人都拥有一双深邃的眼睛，所以

装扮欧式新娘妆眼妆特别重要。在化眼妆的时候，可以将能赋予眼部立体感的眼影，以及能加深眼部印象的眼线和睫毛膏组合起来使用。当然，颜色也非常重要，一般可以选择深浅色系相互搭配的眼影在眉骨凸出的地方轻刷几下，这样就可以打造完美的眼部轮廓。

（3）修容。欧式新娘妆中的修容主要体现在腮红和高光粉的选色上。一般她们都会选择比肤色稍深的古铜色，而且对于腮红的位置会做向上调整，主要是从笑肌的2/3处以画圈的方式慢慢向眼部延伸，使得有一种整体向上提的感觉。

（4）唇妆。欧式新娘妆中的唇妆一般都是选用较为艳丽的正红色或大红色。同时，对唇线的勾勒也很注重，所以她们一般会先勾勒出丰盈性感的唇线再涂色。这样装扮出的"嘟唇"显得娇艳欲滴又性感。

4. 森系新娘妆

森系新娘妆的主要特点是清淡、雅致（图4-8-7），给人很清新很"仙"的感觉，所以要在妆容上下一番功夫，主要是有以下三个方面的特点：

（1）妆容通透，森系的妆容需要看起来非常通透，这一方面指的是皮肤方面；另一方面指的是化妆采用的材质方面。好的彩妆品牌能够给人非常通透的感觉，一般化妆师都会给新娘使用比较好的CC霜和粉底来进行遮瑕，采用的是裸妆的效果，让皮肤尽可能地展现原来的状态，但是这个需要提前将皮肤护理到位才能展现出来这种感觉，所以要提前护理好皮肤。

图4-8-7 森系新娘妆

（2）展现无辜眼影，因为新娘妆中比较重要的部分是眼影的使用，森系新娘妆容特点中还有一个非常好的优势就是眼影使用，在使用眼影之后打造出来的感觉就是无辜眼影的感觉，即给人一种非常清透、非常清亮的眼神，给人感觉是新娘特别无辜的，要体现一种从森林中走出来的美妙感觉，所以要用单色眼影进行打造，而且化完妆之后眼睛是那种含水含笑的感觉。

（3）眉毛和唇彩要自然，眉毛要用非常自然的眉型，不能过多地修饰，森系本身提倡的就是自然，所以要从自然的效果去考虑，这样眉型和妆容才能感觉统一起来，这样的效果才是非常好的。口红一定要注意用淡淡的，会给人感觉是非常清亮的森系新娘。

思考与练习

1. 填空题

(1) 五官的标准指的是_____。

(2) "三庭",即_____、_____、_____3个距离正好相等,各占 1/3。

(3) 头部和脸部是由_____、_____、_____、_____等骨骼构成的。

(4) 皮肤主要由_____、_____、_____三部分组成。

(5) 皮肤的生理作用主要包括_____、_____、_____、_____、_____、_____、_____七部分。

(6) 根据皮脂腺分泌的油脂和汗腺分泌的汗液之间的比例多少,皮肤大致可以分为_____、_____、_____、_____、_____。

2. 简答题

(1) 简述面部皮肤日常护理的步骤。

(2) 简述卸妆的步骤及注意事项。

(3) 在选择底妆化妆品时,需考虑什么因素?

(4) 简述粉底液的使用方式。

(5) 简述日常修眉的步骤。

(6) 简述日常画眉的步骤。

(7) 简述日常画唇的步骤。

(8) 简述男性民航服务人员与女性民航服务人员基础化妆的区别。

项目五

职业仪态塑造

项目描述

仪态也称仪姿、姿态,泛指人们身体所呈现出的各种姿态。其包括举止动作、神态表情和相对静止的体态。人们的面部表情,体态变化,行、走、坐、立、蹲等举手投足间都可以表达思想感情。仪态是表现个人涵养的一面镜子,也是构成一个人外在美好的主要因素。不同的仪态显示人们不同的精神状态和文化教养,传递不同的信息,因此,仪态又被称为体态语。民航工作人员的专业仪态训练能全面锻炼身体形态,塑造优雅的气质,提升个人形体素质。

项目目标

知识目标:了解正确站姿、坐姿、走姿、蹲姿、服务手势、微笑的礼仪规范;掌握规范站姿、坐姿、走姿、蹲姿、服务手势、微笑的要求和训练方式。

能力目标:能够在不同的场合选择正确且恰当的身体姿态;能够通过仪态训练,塑造良好的个人形象和职业素养。

素养目标:树立良好的形象意识,提升自我控制能力,提高职业素养。

项目五　职业仪态塑造

任务一　挺拔站姿的训练

新知导入

站姿是人最基本的姿态，是其他人体造型的基础，是培养优美仪态的起点。规范而典雅的站姿是一种静态美，古人主张"站如松"，也就是说，规范的站姿能给人一种挺、直、高的感觉。女士站姿要体现优雅端庄，男士站姿要体现挺拔端正。

视频：挺拔站姿的训练

一、站姿的种类

（一）标准站姿

标准站姿也称侧放式站姿。从正面观看，全身笔直，精神饱满，两眼平视，表情自然，两肩平齐，两臂自然下垂，两脚跟并拢，两脚尖张开60°，身体重心落于两腿正中。从侧面看，两眼平视，下颌微收，挺胸收腹，腰背挺直，手中指贴裤缝，整个身体庄重挺拔。采取这种站姿，不仅会使人看起来稳重、大方、俊美、挺拔，还可以帮助呼吸，改善血液循环，并在一定程度上缓解身体的疲劳。男士标准站姿和女士标准站姿分别如图 5-1-1 和图 5-1-2 所示。

图 5-1-1　男士标准站姿　　图 5-1-2　女士标准站姿

标准站姿的基本要领：一是上提下压，指下肢、躯干肌肉线条伸长为上提，双肩保持平正，放松为下压；二是前后相夹，指在腰部肌肉收缩的同时，臀部肌肉收缩且向前发力；三是左右向中，指人体两侧对称的器官向正中线用力。

站立的时间过长时，站姿的脚部姿态可以有一些变化。男士可采取两脚分开，两脚外沿宽度以不超过两肩的宽度站立（图 5-1-3）；女士可以一只脚的脚跟靠于另一

163

只脚内侧脚窝，两脚尖向外展开约45°，呈"丁字步"站立（图5-1-4）。

图 5-1-3　男士两脚分开与肩同宽　　图 5-1-4　女士"丁字步"站姿

（二）女士适用站姿

一位手位握手站姿，双手交叉相握，四指并拢，虎口交叉，右手叠放在左手之上置于腹前，膝盖靠拢，双脚呈小丁字步（图5-1-5）。这种站姿端庄优雅，是接待服务中常用的站姿。

二位手位握手站姿，与一位手位握手站姿基本相同，不同点在于二位手位握手站姿双手相握自然下垂（图5-1-6）。这种站姿轻松随意，适用于交谈过程中。

图 5-1-5　一位手位握手站姿　　图 5-1-6　二位手位握手站姿

（三）男士适用站姿

跨立背手式站姿，右手握拳，左手握右手手腕处贴于两臀中间，两脚可分可并

（图 5-1-7、图 5-1-8）。分开时，不超过肩宽，脚尖展开，两脚夹角成 60°，挺胸立腰，收颌收腹，双目平视。这种站姿正式中略带威严，以产生距离感，适用于严肃的执勤岗位。若两脚并立，则突出尊重意味。

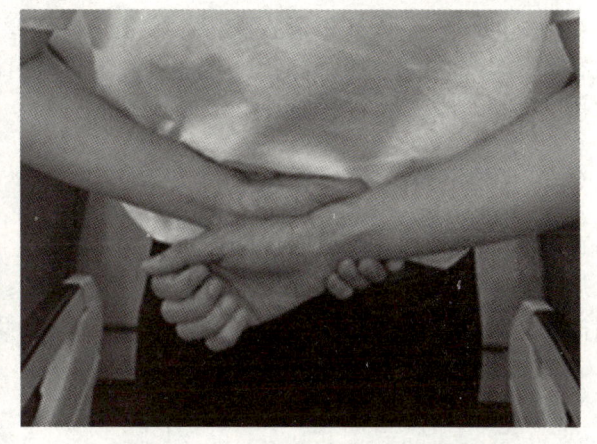

图 5-1-7　跨立背手式站姿　　　图 5-1-8　跨立背手式站姿手部特写

腹前握手式站姿，双脚脚跟并拢，脚尖打开呈小八字步，或双脚打开与肩同宽，右手握拳，左手握右手手腕处自然放于腹前（图 5-1-9）。这种站姿适用于接待或与人交谈。

图 5-1-9　腹前握手式站姿

二、站姿禁忌

（一）弯腰驼背

在站立时，一个人如果弯腰驼背，除去其腰部弯曲、背部弓起外，通常还会伴有颈部弯缩、胸部凹陷、腹部凸出、臀部撅起等一些其他的不良体态。它显得一个人缺乏锻炼、无精打采，甚至健康不佳。

（二）手位不当

在站立时，必须注意以正确的手位去配合站姿。若手位不当，则会破坏站姿的整体效果。站立时手位不当主要表现在：双手抱在脑后；用手托着下巴；双手抱在胸前；把肘部支在某处；双手叉腰；将手插在衣服或裤子口袋里。

（三）脚位不当

在正常情况下，"V"字步、"丁"字步或平行步均可采用，但要避免"人"字步和"蹬踩式"。"人"字步也就是"内八字"步，"蹬踩式"指的是在一只脚站在地上的同时，把另一只脚踩在鞋帮上，或是踏在其他物体上。

（四）半坐半立

在正式场合，必须注意坐立有别，该站的时候就要站，该坐的时候就要坐。在站立之际，绝不可以为了贪图舒服而擅自采用半坐半立姿势。当一个人半坐半立时，不但样子不好看，而且会显得过分随便。

（五）身体歪斜

站立时身体不能歪歪斜斜。若身躯明显地歪斜，如头偏、肩斜、腿曲、身歪，或是膝部不直，不但直接破坏了人体的线条美，而且还会使自己显得颓废消沉、萎靡不振或自由放荡。

三、站姿的训练方法

要拥有优美的站姿，就必须养成良好的习惯，长期坚持。站姿优美，身体才会得到舒展，且有助于健康；若看起来有精神、有气质，那么别人能感觉到你的自重和对别人的尊重，并容易引起别人的注意力和好感，有利于社交时给人留下美好的第一印象。因此，对站姿的训练十分重要。

（一）九点靠墙法

背墙站直，全身背部紧贴墙壁，双脚跟、两小腿后侧、臀部两边、双肩、头后共九个点尽量贴近墙壁,收腹提腰,立背,让你的头、肩、臀、腿之间纵向连成直线(图 5-1-10)。

图 5-1-10　九点靠墙法

(二)夹纸顶书法

站立,双腿伸直,双膝间夹纸,把书放在头顶,不要让它们掉下来(图 5-1-11)。那么在训练时就会挺直颈部,收紧下巴,挺胸挺腰,身体自然向上延展。

图 5-1-11　夹纸顶书法

化妆技巧与形象塑造
Makeup Skills and Image Building

任务实施

专业		班级	
姓名		小组成员	
任务描述			
挺拔站姿的训练 　　将班级同学按照每组 8 人进行分组,各小组制订站姿训练方案,所有组员按照训练方案进行训练实施,课程结束进行站姿训练成果展示。 　　评分最好的小组将站姿训练计划上传至课程学习平台,进行知识分享			
实训目标			
知识目标		能力目标	素养目标
了解站姿的基本要领		能够根据不同场合,选择不同的站姿,并准确站立	有团队组织能力、团队协作能力
实施过程			

一、训练方案

二、站姿展示

续表

考核任务	考核内容	考核标准	配分	得分
训练方案（40分）	训练方法	九点靠墙法	10	
		夹纸顶书法	10	
	训练时间	训练时间合理	10	
	创新特色	新颖，有趣味性，有促进训练的效果	10	
站姿展示（60分）	标准站姿	手位符合要求	4	
		脚位符合要求	4	
		整体效果良好	4	
	女士站姿一位手位握手站姿	手位符合要求	4	
		脚位符合要求	4	
		整体效果良好	4	
	女士站姿二位手位握手站姿	手位符合要求	4	
		脚位符合要求	4	
		整体效果良好	4	
	男士跨立背手式站姿	手位符合要求	4	
		脚位符合要求	4	
		整体效果良好	4	
	男士腹前握手式站姿	手位符合要求	4	
		脚位符合要求	4	
		整体效果良好	4	
个人成绩：				
		评价		
自我评价		小组评价		教师评价

知识拓展

中国古代的站姿礼

站立要"立如斋""立必方正""立毋跛"，即站立要像祭祀前斋戒时那样端庄持敬，挺直端正，不能一脚踏地，另一脚虚点地，像瘸子一样身体倾斜。要体现出谦恭有礼，明辨尊卑上下。不能站在门的中央，妨碍他人的出入。当已经有两个人并立时，更不能插在他们中间站立。

　　拱也称拱手。其仪姿是身体立正，两臂如抱鼓伸出，一手在内，另一手在外地叠合。拱手礼有吉凶之分。行吉礼，男子左手在外，女子则右手在外；行凶丧之礼，男子右手在外，女子则左手在外。男为阳，尚左；女子为阴，尚右。吉事为阳，凶丧之事为阴。故两手叠合有别。拱手礼常用于见面或答谢时致敬，既可以用于身份平等的人，也可以用于礼敬长上，尊长者也可以用拱手礼作答。如图5-1-12所示为唐阎立本《步辇图》中拱手而立的大臣与吐蕃使者。

图5-1-12　唐阎立本《步辇图》中拱手而立的大臣与吐蕃使者

　　揖与拱礼相似，也是身体站立，左右两手在胸前一里一外叠合。行拱礼是身体不动，手也不动，即所谓"垂拱""立拱"。揖礼则是由胸前向外推手，略俯身。揖礼是表示轻微敬意之礼。因此，根据施礼对象身份的不同，揖姿也略有区别。揖身份相等的人，手向前平推，称为"时揖"；揖身份低于自己的人，向前推手稍稍向下，称为"土揖"；揖身份尊于自己者，行"长揖"之礼，即行礼时站立俯身，拱手高举，从上移至最下面。单独对一个人行揖礼，叫作"特揖"；向群众行揖礼，叫作"旅揖"；向左右两侧的人行揖礼，叫作"还揖"。揖礼与拱礼是古人最常用的站立礼。如图5-1-13所示为唐阎立本《孝经图卷》中对君主行揖礼。

图 5-1-13　唐阎立本《孝经图卷》中对君主行揖礼

唱喏为男子相见礼，是对揖礼的一种发展。古代行揖礼只是举手而无声，东晋时期，人们在行揖礼的同时又口颂敬辞，如"久仰久仰""敬请光临"之类，称为"唱喏"。后来又有问候起居寒暖之类的客套话，称为"寒暄"。据宋人陆游说，唱喏是始于东晋王子猷。由于唱喏是边揖边颂，能增加恭敬的程度，所以易于被人们所接受。唐、宋时期成为一种颇为流行的礼仪。唱喏不仅与揖礼相配合，也常与鞠躬、拱、叉手等礼相配合。如图 5-1-14 所示为元张渥《雪夜访戴图》中的王子猷。

道万福，女子行礼时，口称"万福"，表示礼敬祝贺。女子的道万福与男子的唱喏属于同一性质的礼仪。流行于唐、宋时期。王涯《宫词》云："新睡起来思旧梦，见人忘却道胜常。"胜常，就是万福。道万福的仪姿是：行礼时，双手手指相扣，放在左腰侧，弯腰屈身以示敬意。如图 5-1-15 所示为《红楼梦》中道万福礼的林黛玉。

图 5-1-14　元张渥《雪夜访戴图》中的王子猷

图 5-1-15　《红楼梦》中道万福礼的林黛玉

（本文部分内容选自陈洪、徐兴无主编"中国文化二十四品"丛书《风土人情——民俗与故乡》，杨英杰、刘筏筏著。本文出自微信公众号"传统文化二十四品"）

任务二　文雅坐姿的训练

新知导入

坐姿是人在就座以后身体所保持的一种姿势。坐姿是体态美的主要内容之一。对坐姿的要求是"坐如钟"，即坐相要像钟那样端正稳重。端正优美的坐姿，会给人以文雅稳重、自然大方的美感。

视频：文雅坐姿的训练

一、坐姿的基本要领

入座时要轻、稳、缓，走到座位前，转身后把右脚向后撤半步，轻稳坐下，然后把右脚与左脚并齐，坐在椅子上，一般坐满椅子的2/3，不可坐满椅子，也不要坐在椅子边上过分前倾；坐下后，上体自然挺直，头正肩平，两臂自然弯曲，双手交叉叠放在两腿中部并靠近小腹，表情自然亲切，目光柔和平视，嘴微闭；入座后，男士两腿可以开立，宽度一拳为宜，女士则不宜将两腿分开。如果椅子位置不合适，需要挪动椅子的位置，应当先把椅子移至欲就座处，然后入座，要知道坐在椅子上移动位置，是有违社交礼仪的。

女士着裙装入座时，应用手将裙装稍稍拢一下，不要坐下后再站起来整理衣服。

离座时要自然稳当，右脚向后收半步，而后站起从椅子左侧离开，起立要端庄稳重，不可弄得座椅乱响。

二、坐姿的种类

（一）标准式坐姿

标准式坐姿在正规场合，男女均适用。上身挺直，双肩平正，两臂自然弯曲，两手交叉叠放在两腿中部，并靠近小腹。两膝并拢，小腿垂直于地面，两脚保持小丁字步。男士可适当将双膝分开，距离一拳为宜，不得超过肩宽。男士和女士的标准式坐姿分别如图 5-2-1 和图 5-2-2 所示。

图 5-2-1　男士标准式坐姿　　　　图 5-2-2　女士标准式坐姿

(二)侧点式坐姿

侧点式坐姿在稍正式场合,女性适用。两小腿向左倾斜,两膝并拢,右脚跟靠拢左脚内侧,右脚掌着地,左脚尖着地,头和身躯向左倾斜,注意大腿小腿要呈90°(图5-2-3)。小腿要充分伸直,尽量显示小腿长度。

(三)侧挂式坐姿

侧挂式坐姿在稍正式场合,女性适用。在侧点式基础上,左小腿后屈,脚绷直,脚掌内侧着地,左脚提起,用脚面贴住左踝,膝盖和小腿并拢,上身略微右转(图5-2-4)。

图5-2-3 侧点式坐姿

图5-2-4 侧挂式坐姿

(四)重叠式坐姿

非正式场合可采用重叠式,男女均适用。这种坐姿又称二郎腿或标准式架腿。二郎腿通常被认为是一种不庄重的坐姿,尤其有损女性形象,其实二郎腿也可以翘得优雅。要点是上边小腿往回收,脚尖向下(图5-2-5)。

图5-2-5 重叠式坐姿

任务实施

专业		班级	
姓名		小组成员	

任务描述
文雅坐姿的训练
将班级同学按照每组 8 人进行分组，各小组制订坐姿训练方案，所有组员按照训练方案进行训练实施，课程结束进行坐姿训练成果展示。 　　评分最好的小组将坐姿训练计划上传至课程学习平台，进行知识分享

实训目标		
知识目标	能力目标	素养目标
了解坐姿的基本要领	能够根据场合不同，选择不同的坐姿，并准确就座	有团队组织能力、团队协作能力

实施过程
一、训练方案   二、坐姿展示

续表

考核评分				
考核任务	考核内容	考核标准	配分	得分
训练方案（40分）	训练方法	训练方法合理	15	
	训练时间	训练时间合理	15	
	创新特色	新颖，有趣味性，有促进训练的效果	10	
站姿展示（60分）	标准式坐姿	手位符合要求	5	
		脚位符合要求	5	
		整体效果良好	5	
	侧点式坐姿	手位符合要求	5	
		脚位符合要求	5	
		整体效果良好	5	
	侧挂式坐姿	手位符合要求	5	
		脚位符合要求	5	
		整体效果良好	5	
	重叠式坐姿	手位符合要求	5	
		脚位符合要求	5	
		整体效果良好	5	

个人成绩：

评价		
自我评价	小组评价	教师评价

知识拓展

中国古代的坐姿礼

在宋代以前，无椅凳，人皆席地而坐。坐姿也与现在不同，是以两膝着地，两股贴于两脚跟上，类似于今日的跪，但跪是两股不贴两脚。根据《礼记·曲礼》等古籍记载，坐的礼仪有以下几个方面的要求：

（1）坐如尸，尸是古代祭祀中代表死者受祭的人。尸居神位，坐必端正严肃。要求一般人在公众场合，或会见客人时，必须要腰直胸挺，双目正视，容貌端庄，即所谓的正襟危坐，不能箕坐。箕坐又称为箕踞，其姿势是两腿叉开前伸，上身直立，形如簸箕。这是一种随意轻慢的坐式，古人认为不合礼节（图5-2-6）。

图5-2-6　南朝画像砖中箕坐不羁的魏晋名士

（2）坐不中席，古代的席是用蒲草编织而成的薄垫，多是长方形，铺于地上，可坐可卧。一张席可坐四人，共坐时分坐四端。因此，普通人不能坐在席中间，坐在中间是一种傲慢无礼的行为。同时也不能横着膀子坐，挤凌别人。尊者可以独坐一席，居中而坐（图5-2-7）。

图5-2-7　唐阎立本《孝经图卷》中坐不中席的弟子，独坐一席的孔子

（3）偏席不坐，席在堂室中必须放正。席的四边必须与四面墙平行，位置适当。因此，《论语》记载孔子是"席不正，不坐"。就席的时候，从席的后边或旁边走到席的一角坐下，不能从席上踩踏而过（图5-2-8）。

图5-2-8　东汉壁画《夫妇宴饮图》中偏席不坐的夫妇

（4）虚坐尽后，除吃饭外，座席要尽量靠后，以表示谦敬。吃饭要尽量靠前，这是因为古时用小几放盘吃饭，只有靠前才便于吃饭，不失礼（图5-2-9）。在席上拿东西交给站着的人，要保持坐姿不能变成跪式，因为这样会显得自己低贱。如果是拿东西给坐着的人，则不能站起来，这样会使接者仰视而自感低下。

图5-2-9　打虎亭汉墓壁画中靠前而坐的宴饮宾客

（5）座次尊卑，在座的礼仪中，座的位次非常重要。它是尊卑长幼之别的体现。场所不同，所会聚的人不同，座次尊卑也有所区别。这种区别主要是通过方向体现出来的。古代贵族的房屋是堂室结构的，堂与室只是一墙之隔，前（南）为堂，后为室。堂多是举行庆典、祭祀、盛宴的地方；室是居住的地方。室与堂中座次有所不同。室内座次以居西面向东之位为尊。其次是居北面向南，再次是居南面向北，最后是居东面向西。在堂中是以南向为最尊。所以皇帝是"南面称孤"（图5-2-10），众官是"面北称臣"。居西面向东或东面向西的座位尊卑因朝代不同而异。史家考证，夏商周三代，以左为尊；春秋、战国时期以右为尊；汉代尊右；唐宋尊左；元朝尊右；明朝先尊右而后尊左；清朝尊左。

图5-2-10　唐阎立本《孝经图卷》中南面称孤的君主

（本文部分内容选自陈洪、徐兴无主编"中国文化二十四品"丛书《风土人情——民俗与故乡》，杨英杰、刘筱筱著。本文出自微信公众号"传统文化二十四品"）

任务三 稳健走姿的训练

新知导入

中国有句古话叫作"站如松，行如风"，行走的姿态是人体所呈现出的一种动态，是站姿的延续，也是一个人的气质体现。行走时文雅、端庄，不仅给人以沉着、稳重、冷静的感觉，而且也是展示自己气质与修养的重要形式。注意走姿也可以防止身体的变形走样，甚至可以预防颈椎疾病。

视频：稳健走姿的训练

一、走姿的基本要领

正确的走姿主要有三个要点，即从容、平稳、直线。正确的走姿应当身体直立、收腹直腰、两眼平视前方，双臂放松在身体两侧自然摆动，脚尖微向外或向正前方伸出，跨步均匀，两脚之间相距约一只脚到一只半脚，步伐稳健，步履自然，要有节奏感（图 5-3-1）。

图 5-3-1　标准走姿

起步时，身体微向前倾，身体重心落于前脚掌，行走中身体的重心要随着移动的脚步不断向前过渡，而不要让重心停留在后脚，并注意在前脚着地和后脚离地时伸直膝部。步幅的大小应根据身高、着装与场合的不同而有所调整。不同的场合与环境，行走的速度有一定的变化，在正常情况下，行走速度男士一般为 110 步 /min 左右，女士为 120 步 /min 左右。

二、男士走姿要领

走路时要将双腿并拢，身体挺直，双手自然放下，下巴微向内收，眼睛平视，双手自然垂直于身体两侧，随脚步微微前后摆动。双脚尽量走在同一条直线上，脚尖应对正前方，切莫呈"内八字"或"外八字"，步伐大小以自己足部长度为准，速度不快不慢，尽量不要低头看地面，那样容易使人们感觉你要从地上捡起什么东西。正确的走路姿态会给人一种充满自信的印象，同时，也给人一种专业的信赖感觉，让人赞赏，因此，走路时应该抬头、挺胸、精神饱满，不宜将手插入裤袋中。

走路时，腰部应稍用力，收小腹，臀部收紧，背脊要挺直，抬头挺胸，切勿垂头丧气。气要平，脚步要从容和缓，要尽量避免短而急的步伐，鞋跟不要发出太大声响。

上下楼梯时，应将整只脚踏在楼梯上，如果阶梯窄小，则应侧身而行。上下楼梯时，身体要挺直，目视前方，不要低头看楼梯，以免与人相撞。另外，弯腰驼背或肩膀高低不一的姿势都是不可取的。

走路时如果遇到熟人，点头微笑招呼即可，若要停下步伐交谈，注意不要影响他人的行进。如果有熟人在你背后打招呼，千万不要紧急转身，以免紧随身后的人应变不及。

三、女士走姿要领

上半身不要过于晃动，自然而又均匀地向前迈进，这样的走路姿态，不疾不缓，给人如沐春风的感觉，可谓仪态万千。

女士走路时手部应在身体两侧自然摇摆，幅度不宜过大。如果手上持有物品，如手提包等，应将大包挎在手臂上，小包拎在手上，背包则背在肩膀上。走路时身体不可左右晃动，以免妨碍他人行动。雨天拿雨伞时，应将雨伞挂钩朝内挂在手臂上。

女性在穿裙装、旗袍或高跟鞋时，步幅应小一些；相反，穿休闲长裤时步伐就可以大一些，凸显穿着者的靓丽与活泼。

女性在走路时，不宜左顾右盼，经过玻璃窗或镜子前，不可停下梳头或补妆，还要注意不要三五成群，左推右挤，一路谈笑，这样不但有碍于他人行路的顺畅，看起来也不雅观。在行进过程中，如果有物品遗落地上，不要马上弯腰拾起。正确的姿势是，首先绕到遗落物品的旁边，蹲下身体，然后单手将物品捡起来，这样可以避免正面领口暴露或裙摆打开等不雅观的情况出现。

一些女性由于穿高跟鞋，走路时鞋底经常发出踢踏声，这种声音在任何场合都是不文雅的，容易干扰他人，特别是在正式的场合，以及人较多的地方，尤其注意不要在走路时发出太大的声响。

四、走姿训练方式

训练走姿时，可在地上画一条直线，按直线走猫步，纠正"外八字""内八字"及步幅过大或过小的毛病。训练时为了避免走姿不稳的情况，可双手叉腰进行慢节奏的走姿练习。

（1）稳定性练习：第一阶段要求脱鞋、头顶书走直线，行走中保持身体挺拔，要求头正、颈直、目不斜视、表情柔和；第二阶段女生要求穿高跟鞋、头顶书走直线，要求同第一阶段。

（2）摆臂练习：直立身体，以肩为轴，双臂前后自然摆动，纠正摆动幅度大、过于僵硬，双臂左右摆动的问题（图5-3-2）。

图 5-3-2　摆臂练习

（3）协调性练习：配以节奏感强的音乐，卡着节拍以走秀的形式，注意双臂摆动与步伐协调，进行走姿训练。

任务实施

专业		班级	
姓名		小组成员	
任务描述			
稳健走姿的训练			
将班级同学按照每组8人进行分组，各小组制订走姿训练方案，所有组员按照训练方案进行训练实施，课程结束进行走姿训练成果展示。 评分最好的小组将走姿训练计划上传至课程学习平台，进行知识分享			
实训目标			
知识目标		能力目标	素养目标
了解走姿的基本要领		能够按照正确的走姿要求行走	有团队组织能力、团队协作能力

续表

实施过程
一、训练方案
二、走姿展示

考核评分

考核任务	考核内容	考核标准	配分	得分
训练方案（40分）	训练方法	训练方法合理	15	
	训练时间	训练时间合理	15	
	创新特色	新颖，有趣味性，有促进训练的效果	10	
走姿展示（60分）	标准姿势	头正	5	
		肩平	5	
		躯挺	5	
		步位直	5	
	摆臂姿势	手动自然	5	
		幅度适中	5	
	协调性	手脚协调	10	
	稳定性	步态平稳	10	
	节奏感	节奏适当	10	
个人成绩：				

续表

评价		
自我评价	小组评价	教师评价

知识拓展

从走姿看性格

心理学家指出：走路的姿势是一个人从小到大逐渐养成的，它能够反映一个人的性格特征。从走姿上识人，是古今中外的共识。那些有成就的人往往很善于从走姿上观察一个人。从一个人的步姿可以了解他快乐或悲痛，勤奋或懒惰，以及是否受人欢迎。

心理学家史诺嘉丝曾经对193个人做过3项不同的研究，发现不但某种性格或某种心情的人曾用不同的步姿走路，而且观察者通常都能由人的步姿探测出他的性格。

走路沉稳的人务实。走路从来不慌张，无论缓急都一样，凡事三思而后行，办事求稳能力强。

走路前倾的人谦虚。看似前倾猫腰像，实则挺胸气昂昂，性格内向不善表，谦虚谨慎有修养。

走路低头的人沮丧。走路低头人沮丧，步行不专四处望，心事重重脚不前，诸多麻频心中藏。

走路匆忙的人开朗。有话就说人直爽，不留心眼事不藏，不绕弯子不隐瞒，乐于助人心善良。

走路谨慎的人精明。看似性情很豪放，实则小心防路障，外粗内细精明人，大智若愚不露芒。

走路叉腰的人急躁。走路总是在众前，两手叉腰脚不闲，很想一步达目标，心焦急躁怨人慢。

走路仰头的人傲慢。下巴高抬眼望天，步伐沉重而迟缓，手臂摆动腿僵直，不把别人正眼看。

喜欢踱步的人善于思考。来回踱步醒头脑，不愿旁人来打扰，别人说话全不听，只顾边走边思考。

走路像蛇的人运势不佳。走起路来像条蛇，头不稳来身趔趄，东倒西歪身不正，福报较浅运势弱。

走路走内八的人胆量小。见人就生恐惧感，性情内向欠表现，人际关系比较差，难承大任主事难。

走路走外八的人比较傲气。走路外八人较傲，不付努力想回报，天下好事想占尽，心比天高命纸薄。

走路左顾右盼的人生性多疑。走路经常左右望，频频回头看端详，生性多疑神不定，充满猜忌之心肠。

走路拖着鞋走的人好相处。走路鞋子拖着走，拖拉之像福难求，做事容易遇阻碍，不讲拼搏好将就。

走路步大的人自信。走路步大有弹劲，自然摆臂人自信，快乐友善有雄心，锲而不舍努力拼。

走路喜欢走角落的人自卑。做事往往没主见，不敢自己去实践，过于内向少自信，时时害羞心不安。

走路双手交握在背后的人心事重重。走路速度不很快，总在沉思之状态，双手紧握在背后，眉头皱起又舒开。

喜欢漫步的人浪漫。走路随心所欲转，不讲规范不规范，性格外向不认真，善于接受他意见。

走路笔直的人讲原则。主观意识性很强，为人耿直情不讲，办事很有原则性，托人说情不用想。

走路大摇大摆的人较自负。自以为是了不起，总是过高评自己，别人意见听不进，不围我转就来气。

任务四 得体蹲姿的训练

新知导入

蹲姿在生活和工作中，常常使用，如捡拾物品，得体的蹲姿是个人良好修养的体现。

蹲姿的三要点——迅速、美观、大方。若用右手捡东西，可以先走到东西的左侧，右脚向后退半步后再蹲下来。脊背保持挺直，臀部一定要蹲下来，避免弯腰翘臀的姿势。男士两腿间可留有适当的缝隙，女士则要两腿并紧，穿旗袍或短裙时需更加留意，以免尴尬。

视频：**得体蹲姿的训练**

一、蹲姿的种类

（一）高低式蹲姿

下蹲时右脚后撤半步（工作、生活中个人使用时也可以根据个人习惯，选择是右脚还是左脚后退半步），左脚在前，两腿靠紧向下蹲。左脚全脚着地，小腿基本垂直于地面，右脚脚跟提起，脚掌着地。右膝低于左膝，右膝内侧靠于左小腿内侧，形成左膝高、右膝低的姿态，臀部向下，基本上以右腿支撑身体（图 5-4-1）。

图 5-4-1　高低式蹲姿

高低式蹲姿男士、女士均适用，下蹲时不摇晃身体，男士自然蹲下即可，女士则要注意同样保持抚裙动作蹲下，将双腿紧靠，不撅臀。蹲下时，注意眼神的关注点，不勾腰驼背。起身时，保持上半身的直立状态。面带微笑，眼神自信。

（二）交叉式蹲姿

在实际生活中常常会用到蹲姿，如集体合影前排需要蹲下时，女士可采用交叉式蹲姿，下蹲时右脚在前，左脚在后，右小腿垂直于地面，全脚着地（图 5-4-2）。左膝由后面伸向右侧，左脚跟抬起，脚掌着地。两腿靠紧，合力支撑身体。臀部向下，上身稍前倾。

图 5-4-2　交叉式蹲姿

交叉式蹲姿通常适用于女性，尤其是穿短裙的人，它的特点是造型优美典雅，其特征是蹲下后以腿交叉在一起。

二、蹲姿的注意事项

（1）不要突然下蹲。蹲下来的时候，不要速度过快。当自己在行进中需要下蹲时，要特别注意这一点。

（2）不要离人太近。在下蹲时，应和身边的人保持一定的距离。和他人同时下蹲时，更不能忽略双方的距离，以防彼此"迎头相撞"或发生其他误会。

（3）不要方位失当。在他人身边下蹲时，最好是和他人侧身相向。正面他人，或者背对他人下蹲，通常都是不礼貌的。

（4）不要毫无遮掩。在大庭广众面前，尤其是身着裙装的女士，一定要避免下身毫无遮掩的情况，特别是要防止大腿叉开。

（5）不要蹲在凳子或椅子上。有些人有蹲在凳子或椅子上的生活习惯，但是在公共场合这么做，是不能被接受的。

任务实施

专业		班级	
姓名		小组成员	
任务描述			
得体蹲姿的训练			
将班级同学按照每组 8 人进行分组，各小组制订蹲姿训练方案，所有组员按照训练方案进行训练实施，课程结束进行蹲姿训练成果展示。 　　评分最好的小组将蹲姿训练计划上传至课程学习平台，进行知识分享			
实训目标			
知识目标	能力目标		素养目标
了解蹲姿的基本要领	能够按照正确的蹲姿要求做下蹲动作		有团队组织能力、团队协作能力
实施过程			
一、训练方案 二、蹲姿展示 			
考核评分			
考核任务	考核内容	考核标准	配分	得分
训练方案(40分)	训练方法	训练方法合理	15	
	训练时间	训练时间合理	15	
	创新特色	新颖，有趣味性，可促进训练	10	
考核评分				
蹲姿展示(60分)	高低式蹲姿	身体稳定，不晃动	10	
		双膝距离适当	10	
		后背挺拔	10	
	交叉式蹲姿	身体稳定，不晃动	10	
		双膝距离适当	10	
		后背挺拔	10	
个人成绩：				

续表

评价		
自我评价	小组评价	教师评价

知识拓展

形体美认知

一、形体美的基本特征

人体形体美学的基本特征可归纳为动态美、静态美、音韵美、修饰美、气质美。它们各具特有的美的特征，又相互联系，形成统一的整体美，从而达到自然美与社会美的统一，动态美与静态美的统一，音韵美与动、静态美的统一，内在美与修饰美的统一和局部美与整体美的统一。

"外修内悟，内修外展"是人体形体美学理论和实践相结合的指导原则。一般来说，人体形体美是通过四个阶段逐步达到应有的目标和效应。第一阶段为"了解规律，认识自我"，即学习理论知识；第二阶段为"遵循规律，调整自我"，即确立良好的形态美的概念，并进行自我练习；第三阶段为"运用规律，形成自我"，即将确立的良好形态运用到实际工作和生活中并形成习惯；第四阶段为"掌握规律，展示自我"，即能自然自如地展示具有自我个性特色的良好形态。

二、形体美的构成

形体美是展示在公众视野中人体的外形结构和内在气质，是人体美的一种艺术表现形式，由体格、体型、姿态三个方面构成。

体格指标包括人的身高、体重、胸围。其中，身高主要反映骨骼的生长发育情况，体重主要反映骨骼、肌肉、脂肪等质量的综合情况，胸围则反映胸廓的大小及胸部肌肉的生长发育状况。因而，身高、体重和胸围被列为人体形态变化的三项基本指标。

体型是人体的类型，主要是指身体各部分的比例，体型主要取决于骨骼的组成与肌肉的状况。达·芬奇说：美感完全建立在各部分之间神圣的比例上。由此可见，体型是否美，主要取决于身体各部分发展的均衡与整体的和谐。

姿态是指人在静止或活动中所表现出来的身体姿势和举止神情。人体的姿势主要通过脊柱弯曲的程度、四肢和手足及头的部位等来体现的。姿势的正确、优美，不仅体现了人的整体美，还反映出一个人的气质与精神风貌。

可以说，它是展示人的"内在美"的一个重要窗口。由形体美构成的要素可以看出，体型美是表现人的静态形体美；姿态美是表现人的动态形体美。

总之，形体美是一种综合的整体美，它既包含了人体外表形状、轮廓的美，又包含了人体在各种活动中表现出来的形体美，它是由健壮体格、完美体型、优美姿态融汇而成的。

社会的发展水平和文明程度越高，人与"美"的关系就越大。随着科学技术的进步，人们物质文化生活水平和精神文明的不断提高，社会对人体综合素质的要求越来越高。无论你从事何种职业，要想使自己在激烈的人才竞争中立于不败之地，除具备职业所需元素外，健美的形体、高雅的气质和良好的身体素质无疑成为竞争的一项重要内容，也是展示自我的一种手段。

任务五 优雅手势的训练

新知导入

手势是体态语言中最重要的传播媒介，是通过手和手指活动传递信息。手势作为信息传递方式不仅远远早于书面语言，而且也早于有声语言。手势语有两大作用：一是能表示形象；二是能表达感情。在社交活动中，手势运用得自然、大方、得体，可使人感到既寓意明晰又含蓄高雅。

视频：优雅手势的训练

手势表现的含义非常丰富，表达的感情也非常微妙复杂。如招手致意、挥手告别、拍手称赞、拱手致谢、举手赞同、摆手拒绝；手抚是爱、手指是怒、手搂是亲、手捧是敬、手遮是羞等。手势的含义，或是发出信息，或是表示喜恶表达感情。能够恰当地运用手势表情达意，会为交际形象增辉。因此，不必每句话都配上手势，因手势做得太多，就会使人觉得不自然。但是在重要的地方，配上适当的手势，就会吸引人们的注意。

一、人际交往的手势

在人际交往中，招手、挥手、握手、摆手等都表示不同的意义。在国际交往中，由于各国语言和文化习俗不同，所使用的手势有各自的含义。在工作中要注意根据工作对象，在手势上尊重对方的习惯。

（1）鼓掌（图5-5-1）：在欢迎客人到来，他人发言结束，观看比赛、演出等场合，会经常做鼓掌的动作，鼓掌时左手手心向右，四指并拢微屈，用右手手掌拍左手掌心，但不要过分用力，时间过长。

图 5-5-1　鼓掌

（2）招手动作：在中国主要是招呼别人过来，在美国是叫狗过来。

（3）竖起大拇指（图 5-5-2）：一般都表示顺利或夸奖别人。但也有很多例外，在美国和欧洲部分地区，表示要搭车，在德国表示数字"1"，在日本表示"5"，在澳大利亚就表示骂人的脏话。与别人谈话时将拇指竖起来反向指向第三者，即以拇指指腹的反面指向除交谈对象外的另一人，是对第三者的嘲讽。

图 5-5-2　竖起大拇指

（4）OK 手势（图 5-5-3）：拇指、食指相接成环形，其余三指伸直，掌心向外。OK 手势源于美国，在美国表示"同意""顺利""很好"的意思；而法国表示"零"或"毫无价值"；在日本是表示"钱"；在泰国表示"没问题"，在巴西表示粗俗。

图 5-5-3　OK 手势

(5) V形手势：这种手势是第二次世界大战时的英国首相丘吉尔首先使用的，已传遍世界，是表示"胜利"。如果掌心向内，就变成侮辱人的手势。

(6) 举手致意：也称挥手致意。用来向他人表示问候、致敬、感谢。当看见熟悉的人，又无暇分身的时候，就举手致意，可以立即消除对方的被冷落感。要掌心向外，面对对方，指尖朝向上方。千万不要忘记伸开手掌。

(7) 与人握手（图5-5-4）：在见面之初、告别之际、慰问他人、表示感激、略表歉意等时，往往会以手和他人相握。一是要注意先后顺序。握手时，双方伸出手来的标准的先后顺序应为"尊者在先"。即地位高者先伸手，地位低者后伸手。如果是服务人员通常不要主动伸手和服务对象相握。与人握手时，一般握的时间为3～5 s。通常，应该用右手与人相握。左手不宜使用，双手相握也不必常用。

图5-5-4 与人握手

二、服务礼仪的手势

（一）"横摆式"手势

"横摆式"手势常表示"请进"。即五指伸直并拢，然后以肘关节为轴，手从腹前抬起向右摆动至身体右前方，不要将手臂摆至体侧或身后（图5-5-5）。同时，脚站成右丁字步，左手下垂，目视来宾，面带微笑。应注意，一般情况下要站在来宾的右侧，并将身体转向来宾。当来宾将要走近时，向前上一小步，不要站在来宾的正前方，以避免阻挡来宾的视线和行进的方向，要与来宾保持适度的距离。上步后，向来宾施礼、问候，然后向后撤步，先撤左脚再撤右脚，将右脚跟靠于左脚心内侧，站成右丁字步。

图5-5-5 "横摆式"手势

(二)"直臂式"手势

"直臂式"手势可用来表示"请往前走"。即五指伸直并拢,屈肘由腹前抬起,手臂的高度与肩同高,肘关节伸直(图5-5-6)。在指引方向时,身体要侧向来宾,眼睛要兼顾所指方向和来宾,直到来宾表示已清楚了方向,再把手臂放下,向后退一步,施礼并说"请您走好"等礼貌用语。切忌使用一个手指,指指点点。

图5-5-6 "直臂式"手势

(三)"曲臂式"手势

"曲臂式"手势常表示"里边请"。当左手拿着物品,或推扶房门、电梯门,而又需引领来宾时,即以右手五指伸直并拢,从身体的侧前方,由下向上抬起,上臂抬至离开身体45°的高度,然后以肘关节为轴,手臂由体侧向体前左侧摆动成曲臂状,请来宾进去(图5-5-7)。

图5-5-7 "曲臂式"手势

（四）"斜摆式"手势

"斜摆式"手势常表示"请坐"。当请来宾入座时，即要用双手扶椅背将椅子拉出，然后一只手屈臂由前抬起，再以肘关节为轴，前臂由上向下摆动，使手臂向下成一斜线，表示请来宾入座，当来宾在座位前站好，要用双手将椅子前移到合适的位置，请来宾坐下（图5-5-8）。

图 5-5-8 "斜摆式"手势

三、使用手势的注意事项

（1）注意区域性差异。在不同国家、不同地区、不同民族，由于文化习俗的不同，手势的含义也有很多差别，甚至同一手势表达的含义也不相同。所以，手势的运用只有合乎规范，才不至于无事生非。

（2）手势宜少不宜多。多余的手势，会给人留下装腔作势、缺乏涵养的感觉。

（3）要避免出现的手势。在交际活动中，有些手势会让人反感，严重影响形象。如当众搔头皮、掏耳朵、抠鼻子、咬指甲、手指在桌上乱写乱画等。

任务实施

专业		班级	
姓名		小组成员	
任务描述			
优雅手势的训练			
将班级同学按照每组8人进行分组，各小组制订手势训练方案，所有组员按照训练方案进行训练实施，课程结束进行手势训练成果展示。 评分最好的小组将手势训练计划上传至课程学习平台，进行知识分享			
实训目标			
知识目标		能力目标	素养目标
了解手姿的基本要领		能够按照正确的手势要求做手势动作	有团队组织能力、团队协作能力

续表

实施过程	
一、训练方案	
二、手势展示	

考核评分				
考核任务	考核内容	考核标准	配分	得分
训练方案(40分)	训练方法	训练方法合理	15	
	训练时间	训练时间合理	15	
	创新特色	新颖,有趣味性,可促进训练	10	
手势展示(60分)	人际交往的手势 鼓掌	力度、频率、时间适中	5	
		基本动作要领正确	5	
	人际交往的手势 握手	握手顺序,基本动作要领正确	4	
		力度、时长适中	3	
		目光对视,面带微笑	3	
	服务礼仪手势 "横摆式"手势	手位符合要求	3	
		脚位符合要求	3	
		整体效果良好	4	
	服务礼仪手势 "直臂式"手势	手位符合要求	3	
		脚位符合要求	3	
		整体效果良好	4	
	服务礼仪手势 "曲臂式"手势	手位符合要求	3	
		脚位符合要求	3	
		整体效果良好	4	
	服务礼仪手势 "斜摆式"手势	手位符合要求	3	
		脚位符合要求	3	
		整体效果良好	4	

个人成绩:

评价		
自我评价	小组评价	教师评价

常用见面礼节

"良好的开始是成功的一半",人们对一个人的判断,在一定程度上都取决于第一印象。见面礼节是在日常交往中塑造第一印象使用频率最高的礼节。规范的使用见面礼节,能有效表达对对方的友好和敬意,给人留下良好的印象。

一、握手礼

握手是大多数国家见面和离别时相互致意的礼仪,见面握手表示问候,离别握手表示送别。在握手时,注意力度不宜太用力,但要让别人感受到你的热情,目光要正视对方,面带微笑。

握手时应遵循"位尊者先伸手"的原则。通常年长(尊)者先伸手后,另一方及时呼应。来访时,主人先伸手以表示欢迎。告辞时,待客人先伸手后,主人再相握。握手的力度以不握疼对方的手为限度。初次见面时,时间一般控制在 3 s 内。

二、介绍礼

介绍时应遵循"尊者优先知情"的规则。介绍时应把身份、地位较为低的一方介绍给相对而言身份、地位较为尊贵的一方。介绍时陈述的时间宜短不宜长,内容宜简不宜繁。同时避免给任何一方厚此薄彼的感觉。

三、鞠躬礼

在与日本、韩国等东方国家的外国友人见面时,行鞠躬礼表达致意是常见的礼节仪式(图 5-5-9)。鞠躬礼分为 15°、30° 和 45° 的不同形式;度数越高向对方表达的敬意越深。基本原则:在特定的群体中,应向身份最高、规格最高的长者行 45° 角鞠躬礼;身份次之行 30° 鞠躬礼;身份对等行 15° 鞠躬礼。

图 5-5-9　鞠躬礼

四、名片礼

初次相识,往往要互呈名片(图 5-5-10)。呈名片可在交流前或交流结束、临别之际,可视具体情况而定。递接名片时最好用双手,名片的正面应朝着对方,接过对方的名片后应致谢。一般不要伸手向别人讨名片,必须讨名片时应以请求的口气,如"您方便的话,请给我一张名片,以便日后联系。"

图 5-5-10　名片礼

五、脱帽礼

见面时男士应摘下帽子或举一举帽子，并向对方致意或问好。若与同一人在同一场合前后多次相遇，则不必反复脱帽。进入主人房间时，客人必须脱帽。在庄重、正规的场合应自觉脱帽。

六、拥抱礼

拥抱礼多用于官方、民间的迎送宾客或祝贺致谢等社交场合。两人相对而立，上身稍稍前倾，各自右臂偏上、左臂偏下，右手环拥对方左肩部位，左手环拥对方右腰部位，彼此头部及上身向右相互拥抱，最后再向左拥抱一次（图 5-5-11）。

图 5-5-11　拥抱礼

七、亲吻礼

亲吻礼是一种西方国家常用的会面礼。行亲吻礼时，往往伴有一定程度的拥抱，不同关系、不同身份的人，相互亲吻的部位不尽相同。在公共场合和社交场合，关系亲近的女子之间可以吻脸，男子之间是拥肩相抱，男女之间一般是贴面颊，男子对尊贵的女宾可以吻手指或手背。在许多国家的迎宾场合，宾主往往以握手、拥抱、左右吻脸、贴面的连续动作，表示最真诚的热情和敬意。

任务六　魅力微笑的训练

新知导入

灵动的眼神、具有亲和力的微笑是民航服务人员必备的素养，是他们的基本功，更是他们的服务态度。作为一名训练有素的民航服务人员，在与乘客接触时，首先要向对方微笑，要主动创造一个友好、热情并对自己服务有力的气氛和场景，以便赢得对方的满意。微笑是人类最美丽的表情，每天坚持对自己微笑可以让一天都保持良好心情，对他人微笑则是礼仪之道。微笑是有方法和技巧的，笑得好看能显出人的修养高，有魅力，用无声的语言征服人（图 5-6-1）。

视频：魅力微笑的训练

图 5-6-1　微笑的魅力

1. 第一阶段：放松肌肉

放松嘴唇周围肌肉是微笑练习的第一阶段，又名"哆来咪练习"的嘴唇肌肉放松运动，是从低音哆开始，到高音哆，大声地、清楚地说三次每个音。不是连着练，而是一个音节一个音节地发音，为了正确的发音应注意嘴型。

2. 第二阶段：给嘴唇肌肉增加弹性

形成笑容时最重要的部位是嘴角。如果锻炼嘴唇周围的肌肉，能使嘴角的移动变得更干练好看，也可以有效地预防皱纹。如果嘴角变得干练有生机，整体表情就给人有弹性的感觉，所以不知不觉中显得更年轻。伸直背部，坐在镜子前面，反复练习最大地收缩或伸张。

（1）张大嘴：张大嘴使嘴周围的肌肉最大限度地伸张。张大嘴能感觉到腭骨受刺激的程度，并保持这种状态 10 s。

（2）使嘴角紧张：闭上张开的嘴，拉紧两侧的嘴角，使嘴唇在水平上紧张起来，并保持 10 s。

（3）聚拢嘴唇：使嘴角在紧张的状态下，慢慢地聚拢嘴唇。出现圆圆地卷起来的嘴唇聚拢在一起的感觉时，保持 10 s。

（4）保持微笑 30 s，反复进行这一动作 3 次左右。

（5）用门牙轻轻地咬住木筷子，把嘴角对准木筷子，两边都要翘起，并观察连接嘴唇两端的线是否与木筷子在同一水平线上。保持这个状态 10 s。在第一状态下，轻轻地拔出木筷子之后，练习维持此状态。

3. 第三阶段：形成微笑

在放松的状态下，练习笑容的过程，练习的关键是使嘴角上升的程度一致。如果嘴角歪斜，表情就不会太好看。练习各种笑容的过程中，就会发现最适合自己的微笑。

（1）小微笑：把嘴角两端一齐往上提。给上嘴唇拉上去的紧张感。稍微露出 2 颗门牙，保持 10 s 之后，恢复原来的状态并放松。

（2）普通微笑：慢慢地使肌肉紧张起来，把嘴角两端一齐往上提。给上嘴唇拉上去的紧张感。露出上门牙 6 颗左右，眼睛也笑一点。保持 10 s 后，恢复原来的状态并放松。

（3）大微笑：一边拉紧肌肉，使之强烈地紧张起来，一边把嘴角两端一齐往上提，露出 10 个左右的上门牙。也稍微露出下门牙。保持 10 s 后，恢复原来的状态并放松。

4. 第四阶段：保持微笑

一旦寻找到满意的微笑，就要至少维持那个表情 30 s 的训练。尤其是照相时不能自然微笑的人，如果重点进行这一阶段的练习，就可以获得很大的效果。

5. 第五阶段：修正微笑

虽然认真地进行了训练，但如果笑容还是不那么完美，就要寻找其他部分是否有问题。但如果能自信地、敞开地笑，就可以将缺点转化为优点，不会成为大问题。

任务实施

专业		班级	
姓名		小组成员	
任务描述			
魅力微笑的训练			
将班级同学按照每组 8 人进行分组，各小组制订微笑训练方案，所有组员按照训练方案进行训练实施，课程结束进行微笑训练成果展示。 评分最好的小组将微笑训练计划上传至课程学习平台，进行知识分享			
实训目标			
知识目标		能力目标	素养目标
了解微笑的基本要领		能够根据场合不同，展现不同层次的微笑	有团队组织能力、团队协作能力

续表

实施过程
一、训练方案
二、微笑展示

考核评分				
考核任务	考核内容	考核标准	配分	得分
训练方案（40分）	训练方法	训练方法合理	15	
	训练时间	训练时间合理	15	
	创新特色	新颖，有趣味性，有促进训练的效果	10	
微笑展示（60分）	面部表情	面部表情亲切自然	10	
	嘴角微微上翘	自然地露出 6～8 颗牙齿	10	
	微笑真诚	甜美、亲切、善意、充满爱心	10	
	眼神专注	正视交流对象	10	
	目光柔和	亲切坦然，自然流露真情	10	
	眼神有交流	传递友善尊重之意	10	

个人成绩：

评价		
自我评价	小组评价	教师评价

知识拓展

微笑是最好的社交礼仪

微笑是人类面孔中最动人的一种表情，是社会交往中美好而无声的语言，而且微笑来源于心地的善良、宽容和无私，表现的是一种坦荡和大度。另外，微笑是成功者自信的表现，是失败者坚强的表现，所以微笑是人际关系的黏合剂，也是化敌为友的一剂良方。

一、微笑使人温暖，微笑能让人放松

人人都渴望别人对自己微笑，当人们遇到挫折、心情不佳时，最想看到的就是微笑，最想得到的就是温情。尤其对于现代人来说，在遇到了困难或者挫折的时候，最需要的是一个真诚的微笑。

因为微笑如同伸出的温暖的手，能帮助他们走出痛苦的泥潭，不妨笑口常开，用微笑去缓解紧张的情绪，让他人从我们甜美真诚的微笑中获得轻松和愉悦。

心理学发现，人与人刚开始交往的时候，都是相对有距离的，但是一旦我们微笑的时候，就会无形中拉近彼此之间的距离，尤其是在双方都比较紧张的情况下，学会微笑可以彻底让彼此放松，更能让双方的关系打破僵硬的场面。

二、微笑是交流的桥梁，微笑可以深刻感染别人

微笑可以深刻感染别人，当我们学会了微笑，在陌生的环境里感到的不再是陌生与冰冷，而是融洽和温暖。学会微笑，就学会了怎样在陌生人之间架一座友谊之桥，就掌握了一把开启陌生人心扉的金钥匙。

微笑既是自己愉快心情的外露，也是纯真之情传递的表现。真诚的微笑让对方内心产生温暖，有时候还可能引起对方的共鸣，使之陶醉在欢乐之中，从而加深双方的友情。学会微笑，因为微笑是顺利交往的良方。在交往中微笑，在微笑中交往，微笑为交往助兴，交往为微笑生辉。但要在合适的场合微笑，微笑并不是不讲条件的，也并不是可以用于一切交际环境。

三、微笑是心情的调味剂，微笑可以让生活更美好

当你面带笑容时，你的心情不会差。当你面对一个笑容满面的人时，你也很难不对他报以微笑、面对微笑，人们会觉得自己受到欢迎、心情舒畅，但对人微笑要看场合否则就会适得其反。学会微笑，因为一个微笑可以给人以亲切的感觉。

心理学曾发现，当一个人不开心的时候，你可以学会微笑，即使假装也没有关系，因为在你假装微笑的时候，微笑都可以让人们心情变得更好。所以无论你们过去是否相识，无论你的状态是否更好，只要你学会给人以微笑，一定会立即得到他人的微笑。所以，微笑是社交最好的礼仪风范，更会让对方感觉到生活美好与幸福。

而每个人都要学会微笑，要记住的是，微笑是发自内心的，是美好心灵的体现，这样的微笑自然、亲切、得体。当学会了微笑，我们的内心就不会疲惫和紧张，我们的心情也会变得轻松而愉快。即使你不善言辞也没有关系，更重要的是你通过微笑绽放你内在的善良与友好，拉近你和他人的距离，从而实现心与心的交流和碰撞。

思考与练习

1. 站姿的方式有哪几种？
2. 坐姿的方式有哪几种？分别说明哪些场合可以使用。
3. 蹲姿的方式有哪几种？
4. 服务礼仪手势有哪些？分别运用在哪些场合？
5. 微笑的训练方法有哪几种？

参考文献

[1] 李勤. 空乘人员职业形象设计与化妆 [M]. 北京：清华大学出版社，2017.

[2] 于莉，韩秀玉，马丽群. 空乘职业形象塑造 [M]. 北京：化学工业出版社，2019.

[3] 刘瑞璞，王永刚. 公务商务着装读本 [M]. 北京：中国纺织出版社，2015.

[4] 李勤. 空乘人员化妆技巧与形象塑造 [M].5 版. 北京：旅游教育出版社，2019.

[5] 隋东旭，程杰. 客运服务人员形象塑造与化妆技巧 [M]. 北京：北京交通大学出版社，2018.

[6] 余晓玲，庞荣，顾敏. 形体礼仪训练 [M]. 武汉：华中科技大学出版社，2017.

[7] 何瑛，孔维娴. 职业形象塑造 [M].2 版. 北京：科学出版社，2019.

[8] 张弘. 职业形象塑造 [M]. 北京：北京大学出版社，2020.

[9] 刘存绪. 民航从业人员职业形象塑造 [M]. 成都：四川大学出版社，2020.

[10] 隋东旭. 形象塑造与化妆技巧 [M]. 北京：北京交通大学出版社，2020.

[11] 民航客舱乘务员职业形象规范，https://www.cata.org.cn/portal/content/show-content/20293/gfbz.